电驱动大豆小区播种机的研究

王　胜　师中华　余永昌　著

黄河水利出版社

·郑州·

内容提要

大豆小区播种机作为科研院所进行育种培育试验的机械,是整个大豆产业链的关键一环。影响大豆播种质量的关键因素在于大豆精密排种装置的控制;而解决播种机自动化操作的关键环节在于自动送种装置和自动清种装置的研发与设计。本书针对目前我国大豆小区播种机播种质量低、作业效率低、自动化程度低等缺点,从送种系统、播种系统、清种系统、控制系统等方面解决问题。

本书可供从事农业机械化领域的科研人员、生产企业工作人员以及相关专业高等院校师生参考。

图书在版编目(CIP)数据

电驱动大豆小区播种机的研究/王胜,师中华,余永昌著.—郑州:黄河水利出版社,2021.6
ISBN 978-7-5509-2971-5

Ⅰ.①电… Ⅱ.①王…②师…③余… Ⅲ.①大豆-播种机-研究 Ⅳ.①S223.2

中国版本图书馆 CIP 数据核字(2021)第 079680 号

出 版 社:黄河水利出版社　　　　　　　　　　网址:www.yrcp.com
　　　　　地址:河南省郑州市顺河路黄委会综合楼 14 层　　邮政编码:450003
发行单位:黄河水利出版社
　　　　　发行部电话:0371-66026940、66020550、66028024、66022620(传真)
　　　　　E-mail:hhslcbs@ 126.com
承印单位:广东虎彩云印刷有限公司
开本:787 mm×1 092 mm　1/16
印张:7.75
字数:179 千字　　　　　　　　　　　　　印数:1—1 000
版次:2021 年 6 月第 1 版　　　　　　　　　印次:2021 年 6 月第 1 次印刷

定价:48.00 元

前　言

伴随着国民经济的发展,大豆已经成为我国四大粮食作物之一。因此,需要针对大豆作物配套全程机械化生产设备。大豆小区播种机作为科研院所进行育种培育试验的机械,是整个大豆产业链的关键一环。科研院所对大豆播种机械的播种质量和自动化操作程度的要求越来越高。影响大豆播种质量的关键因素在于大豆精密排种装置的控制;而解决播种机自动化操作的关键环节在于自动送种装置和自动清种装置的研发与设计。排种装置按原理可分为气力式和机械式两类,国外产品以气力式排种器为主,发展早、技术成熟,但是产品的结构复杂、价格昂贵、维修成本高,在国内应用较少。国内产品以机械式排种器为主,排种系统播种质量低,播种机工作效率较低,自动化程度低。自动送种装置目前仅有支持条播精播机械的离心式和弹夹式送种装置,其应用还需要人力的辅助,针对粒播的精播机具的自动送种装置目前还没有实体装置的应用。自动清种装置目前只有针对气吸式排种器的研制和应用,针对机械式粒播排种器的自动清种装置的研究和应用还没有。大豆小区播种机具的自动送种系统、自动排种系统、自动清种系统的设计与控制方法亟待研究。

本书针对目前我国大豆小区播种机播种质量低、作业效率低、自动化程度低等缺点,从送种系统、播种系统、清种系统、控制系统等方面解决问题。根据大豆播种农艺特点,结合黄淮海地区的实际情况,研制了一款以电驱动为行走动力的能够自动送种、排种、清种的三行大豆小区播种机械。

本书通过对现有该类型小区播种机的机型及特点进行分析,提出新的设计方案,并对方案进行了分析论证,确定了大豆小区播种机的各关键系统及装置的设计方案和控制形式,对整个大豆小区播种机的实体模型进行设计和工程图的绘制,进行了样机制作,并进行了室内和田间验证试验。重点进行了关键系统及装置的设计及机制分析、关键系统的控制设计、样机的性能试验等。针对以上研究,做了如下工作:

(1)引用了行星轮周转轮系的理论,应用到大豆小区播种机自动送种装置的方案设计上,采用了旋转种杯准确投种的方法,制订了转盘式大豆小区播种机自动送种装置的方案,解决现有小区播种机无自动送种装置的难题。研制了一种以 PLC 控制的步进电机驱动的自动送种系统,分析了整个系统的构成及工作原理。设计了一款新的种杯及供种圆盘,确定了各组成部件的结构参数。对该系统进行了动力学分析,研究了各机构的运动特点。对该系统的控制方法进行了程序设计,使该系统能够准确地对送种装置工作的时间进行控制,实现自动送种。通过自动送种装置工作性能试验分析,该自动送种装置可以一次完成 12 个小区的连续送种作业,工作稳定,可靠性好,降低了人力劳动强度。

(2)采用了基于遗传算法播种机排种器转速模糊控制方案,找到了排种器电机与播种机车速匹配的控制方法,建立了数学模型,完成了自动排种系统的设计,解决了现有排种系统排种控制精度较低的问题。研制了一种以编码器信号控制步进电机驱动工作的排种系统,分析确定了主要部件的结构参数。针对窝眼轮式排种器的排种轮进行了运动学分析,并进行了仿真试验及分析。针对排种控制方法建立了数学模型,进行了大豆质量、车速、排种轴转速等影响因素之间的响应面分析,得到了最佳参数。通过设计该系统的控制程序,实现了排种的"按钮"化操作和株距的自动调节。通过排种系统的田间性能试验分析,该电控排种系统的漏播指数、重播指数、株距变异系数等指标均符合工作要求。该排种系统实现了根据株距长度,控制排种轴的转速跟随小区播种机行进速度的改变而变化,从而实现株距的无级调节。

(3)建立了负压清种的方案,找到了大豆最低启动速度和最小吸拾风速,应用了狭管效应理论,设计了狭管清种口,完成了大豆自动清种装置的设计,解决了机械式排种器残留大豆的清种问题。研制了一种利用电机风力的自动清种系统,设计了窝眼轮式排种器的密封结构件和清种管,确定其结构参数。对清种系统进行了机制分析,并对大豆的清种过程进行了动力学分析,获得了大豆吸拾的相关参数。对新设计的清种口进行了流场分析。设计该清种系统的控制程序,使该系统能够准确地对清种装置工作的时间进行控制,实现了清种的"按钮"化操作。通过清种系统性能试验,表明该系统能够实现快速、彻底地清除残留种子,提高了清种的作业效率。

(4)应用推杆电机调节开沟播深的方法,解决了现有机械式开沟器需要手动调节播深的问题。设计了电机驱动开沟系统,并对开沟装置进行了力学分析。通过开沟装置的工作性能试验分析,该开沟系统开沟效果良好,平均播深及播深合格率均达到了小区播种机作业标准的要求。

(5)采用蓄电池组-电动机动力的方案,设计了一种纯电动电机驱动动力系统。对电机驱动系统的各主要装置及参数进行了分析计算。通过田间试验验证分析,电动小区播种机一次充电后连续作业的时间达到了预期设计目标,能够满足正常作业需求。

(6)应用了整机控制系统模块化设计,对各关键系统的控制程序进行了模块化设计,提高了控制系统的适用性。

(7)通过了研制的大豆小区播种机样机的室内和田间试验验证,室内验证试验结果为:种杯的偏移量合格率为 99.1% ~ 99.7%,种子无破碎上种合格率为 96.85% ~ 100%。所测试项目的性能指标均在 99.4% 以上,说明试验所测得的结果能够满足大豆小区播种机上种装置的要求,具有较好的准确性和较强的可靠性。漏播指数基本保持在 0.15% ~ 1.90%,重播指数保持在 0.85% ~ 2.00%,株距变异系数保持在 0.30% ~ 7.00%。大豆粒数越少,清种效果越好,随着大豆粒数的增加,不能彻底清种的次数增加。大豆粒数越多,清种时间的时长设置应逐渐增大。经过多次试验,为保证一次彻底清种,将清种时间设置为 12 s,均能够彻底清除残余种子。自动清种系统能够在所设置的时间内完成彻底清种,且清种效果比较稳定,节省了工作时间,降低了人力劳动强度。

田间验证试验结果为:该小区播种机自动送种系统能够在设定的时长内完成对应小区的种子供应工作,种杯基本无偏移,种子基本无破碎,能够连续完成 12 个小区的自动送种工作。该小区播种机各行播种的漏播指数范围为 0.04% ~ 0.25%,重播指数范围为 0.85% ~ 0.96%,株距变异系数范围为 0.253% ~ 1.047%。该小区播种机自动清种系统能够在设定的 12 s 时长内完成残留种子的清除工作,种子无残留。可知该小区播种机的自动送种系统、自动排种系统、自动清种系统和整机控制系统等均符合小区播种机作业标准要求,工作性能可靠。

本书撰写人员及分工如下:河南开放大学师中华老师完成了第3、4章的撰写,约54千字;王胜老师完成了其余章节的撰写,约125千字。另外,全书的审稿及校对工作得到了河南农业大学余永昌教授的大力支持和无私奉献,在此表示衷心的感谢!

本书出版得到河南开放大学博士计划基金项目(BSJH201904)、河南开放大学学术资助项目(2021-XSZZ-02)、2020年度河南省科技攻关项目(202102110280)和河南开放大学青年骨干教师培养基金的资助,特此表示感谢!

由于水平有限,书中难免有疏漏和不妥之处,恳请广大读者批评指正。

河南开放大学 郑州信息科技职业学院　王胜

2021年3月

目　录

第 1 章　绪　论

1.1　研究目的与意义

大豆起源于中国,是中国人常说的"五谷"之一,伴随着国民经济的发展,大豆已经成为我国四大粮食作物之一[1-3]。在悠久的历史长河中,中国人民所发明的大豆食品是中华饮食文化的优秀代表,已经成为中国人的主食[4]。在世界范围内,大豆已经成为最为重要的食用油料作物,跃居世界农产品贸易之首[5]。

中国主要大豆产区集中在:①北方春大豆地区[6],主要分布在东北三省和内蒙古;②黄淮流域夏大豆区,主要分布在河南和安徽;③长江上游流域的春、夏大豆区;④长江中下游流域各省南部的秋大豆区;⑤广东、广西省域和云南南部的多熟大豆区[7-9]。截至2017 年,中国的大豆种植面积约为 790 万 hm^2,其中黑龙江省种植面积最大,约为 330 万 hm^2,约占中国大豆总种植面积的 41.8%,单位产量为 1.8 t/ hm^2。在世界范围内,大豆的种植面积仅次于主要粮食作物小麦、水稻和玉米等的种植面积[10]。伴随着对外开放的步伐加快,近 20 年来,中国大豆的进口量逐年增大,对外依存度逐年增高。截至 2017 年,中国对大豆的总需求量约为 11 079 万 t,其中国外进口大豆约为 9 553 万 t(见图 1-1),占中国总需求量的 86.2%;中国自产大豆总量约为 1 440 万 t,仅占中国总需求量的 13.8%[11-12]。

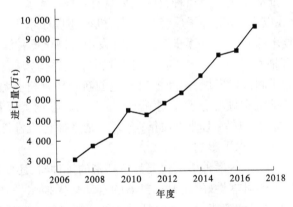

图 1-1　2007~2017 年中国大豆进口量

在世界范围内,主要的大豆产区集中在美国、巴西、阿根廷、中国、印度等地,这些主要地区的大豆产量总和约占全球大豆总产量的 90%(见图 1-2)[13]。在世界主要大豆产区中,美国、巴西和阿根廷是大豆贸易的主要出口国;中国为大豆贸易的最大进口国。美国、巴西和阿根廷的大豆贸易出口份额约占全世界大豆贸易量的 90%[10,14-15]。

大豆种植机械化是提高大豆生产的物质基础,是大豆产业实现优质、高效、安全、低消耗的重要保证。目前,中国播种机械对农业增产贡献率仅为30%左右[16]。播种是作物栽培措施之一,也是农业生产的重要组成部分,大多数农作物目前都实现了机械化播种[17-18]。精密播种技术自20世纪40年代以来,逐渐得到广泛应用,它的播种效率比传统播种机械效率提高7%~15%[19-25]。

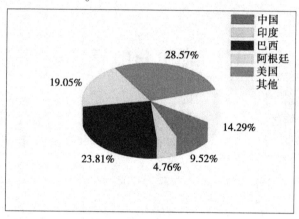

图1-2　全球大豆产量分布

大豆精密播种机械的推广和应用已成为大豆种植农户增加产量和收入的关键[16,26-29]。大豆精密播种机械化技术是一项综合性的先进技术,涉及农业机械、农学、土壤肥料、种子、植保等多个学科[30-32]。目前,精密播种机械化技术已形成较为完善的体系,不仅在发达国家得到推广,在中国也得到广泛的推广和应用,大豆精密播种机械化已成为现代播种技术的主要特征和播种技术的主要发展方向[33-39],为大豆全程机械化生产提供了技术支撑。因此,了解大豆播种机械化的研究现状,阐明其发展趋势,开发适合农艺要求的大豆播种机,推动小区大豆播种机的发展具有重要的意义[40-45]。

自20世纪60年代以来,随着种子质量的提高、机械化操作水平的进步,以及栽培技术的提高,精密播种技术的研究得以逐步完善,已开发出机械化播种深松施肥、硬茬播种、旋耕播种、少耕免耕等播种技术[46-47]。随着中国对国外先进精密播种机不同机型的引进,中国精密播种机的研制快速发展,不断推出自主创新的播种机类型,如免耕施肥精密播种机、直插式精密播种机和硬茬精密播种机等[33-34,48-49]。影响大豆精密播种机的机械化技术的因素是多方面的,包括:①种子质量;②大豆精密播种机性能;③机械化整地技术;④播种技术;⑤机械操作水平影响等。

研究表明,性能优越的小区播种机不仅要具备精密的排种器,还要具有可靠的排种器控制系统;不仅要求机器的可靠性好,还要求机器的自动化操控水平高,能够有效地降低人力劳动强度。自走式电驱动智能化的小区播种机的研制是解决现有问题的关键。

1.2　国内外大豆小区播种机的发展现状

1.2.1　国外大豆小区播种机的发展现状

从20世纪30年代至今,小区播种机已历经80多年的发展,由小区播种机发展过程分析[50-52]，国外小区播种机发展可以概括为以下几个方面：

（1）小区播种机的研制。第一次世界大战结束，世界农业在战后开始了短暂的恢复期，由于北美洲地区自身的农业机械化水平比较高，又没有经受战争的破坏，因而就成为最早开发小区播种机的地区。1935年，加拿大成功研发出全球第一台小区播种机，实现了小区播种机从无到有的历史性突破。随后，奥地利等国家和地区也相继投入了研发[53-55]，1954年，奥地利 Wintersteiger 公司成功研发出该公司的第一台简单的小区播种机。

（2）精密排种装置的研制。最具代表性的人物是挪威农业大学的教授 EgilØyjord（依格尔·奥约德）。大约在1961年，EgilØyjord 教授成功研制出了小区条播机，其核心装置是锥体格盘式排种系统，它完成了定量排种，被命名为 Øyjord 排种装置，一直沿用至今[56-58]；1964年6月15~27日，EgilØyjord 教授在挪威成立了"国际田间试验机械化协会"（IAMFE）；在此期间，Wintersteiger 公司成功研发出一种能够实现单粒排种的气吸组合式小区精密播种机。1983年，该公司的小区精密播种机获得了世界专利，Wintersteiger 公司的气吸式排种原理到目前为止，一直在使用[59-61]。

国外精密小区播种机的发展方向主要集中在排种装置上[62-65]。排种器的排种原理有气吸式、气吹式和气压式几种[66-68]。目前，应用广泛的排种器主要是采用孔排种盘或槽排种盘作为播种设备的气吸式排种装置[69-72]，如 Wintersteiger 公司生产的 Monoseed 系列播种机，配备不同的排种器，可以播不同的作物种子。Monoseed TC 自走式单粒播种机，适用于所有作物种子（见图1-3）；Monoseed K 拖拉机配备的单粒排种器仅适用于甜菜等作物；Monoseed Vado 拖拉机配备的单粒排种器适用于不同作物

图1-3　Wintersteiger 自走式单粒播种机

种子。气吹式排种器的工作原理是用高速气流吹走多余的种子[73-74]，Aeromat-2 型播种机是德国贝克尔公司研发的一款采用气吹式排种器的播种机。气压式排种器的工作原理是依靠种子重力和刮种器完成排种[75-77]，John-Deere 700 型播种机是美国迪尔公司研发的一款采用气压式排种器的播种机。近年来，国外小区播种机的研究成果逐渐减少，但是物联网技术、自动导航技术、人工智能等高新技术在农业装备上的应用逐渐增多[78-82]。

1.2.2　国内大豆小区播种机的发展现状

目前，我国小区播种机械的研究主要集中在条播机械上；粒播机械主要以气吸式为主，但是存在清种困难、电气化控制程度低等问题，纯电动的小区播种机械还没有开展大量的研究。

我国的小区播种机开展研究得比较晚，自1978年以来，我国先后从国外引进各种小区播种机27台，在中国农业科学院等16家科研院所使用。我国一些科研院所在进口播种机械的基础上，研发了一批小区播种机具，具有代表性的如黑龙江省农业科学院研发的

ZXJB-4 小区精密播种机,中国农业工程研究院与北京农业大学联合研制的 NKXB-1.4 小区条播机,新疆农垦科学院研发的 2XBX-2.0 悬挂式小区条播机等。目前,我国小区播种机的研究可以概括为以下几个方面:

(1)上种装置的研究。2010 年,刘曙光、尚书旗、杨然兵等针对小区育种播种机上种装置中的存种部件进行了研究设计,有效地解决了小粒种子在上种过程中的分散均匀性问题[83];2011 年,刘曙光、尚书旗等针对油菜等条播作物的人工上种问题,设计了共轴双盘格式自动供种装置,该装置以电磁力为动力源,实现了自动化供种[84];2015 年,青岛农业大学何仲凯、龚丽农等,针对现有的小区播种机,需要手工完成每个小区的换种与落种,影响小区播种机的工作效率问题,设计了一套自动上种机构,由机械部分和电控部分组成,该方案解决了小区播种机需要人工上种的问题[85];2016 年,杨薇、李建东等[86],针对小区条播机不能自动供种问题,设计了弹夹式自动上种机构,有效地解决了小区条播机人工上种费时费力的问题。

(2)排种装置的研究。2004 年,张俊亮、杜瑞成等,设计了窝眼轮式排种器播量数显装置,解决了排种器电驱动的问题[87]。2006 年,李剑锋针对排种器的控制精度问题,设计了基于光电式传感器检测车速的排种控制系统[88],不依靠地轮传动,提高了排种控制精度。2009 年,赵丽清设计了基于单片机的精准播种自动控制系统[89],解决了因为地轮打滑造成的播种精度低的问题。2012 年,张力友设计了用于小麦播种的基于 PLC 控制的播种系统,提高了小麦点播机的自动化程度[90]。2013 年,西北农林科技大学的刘水利、李瑛[91],对水平圆盘型孔式排种器进行了改进创新,设计了专用于小麦播种的基本型孔,调节片用于调节孔的体积,U 形槽用于调节种子和孔的相对方向,三个相互连接的圆盘形弹簧丝用作种子处理系统,不同品种的小麦种子的播种精度达到 97% 以上,该设计解决了小麦种子排种器的排种精度问题。2013 年,宋井玲、杨自栋等[92],利用凸轮活销机构设计了一种内充式精密排种器,解决了适用大粒径种子单粒播种精密排种器少的问题。2014 年,河南力垦农业机械有限公司生产的自走式数控小区条播播种机,适合小麦、高粱等籽粒的小区田间试验播种,如图 1-4 所示。该播种机采用电脑数字模块操作系统,实现小区长度精准控制,操作简单,解决了小麦等条播机排种系统不依靠地轮传动调节播量的问题。2014 年,山东理工大学的巩丙才、杜瑞成等[93-94],设计了一种带无级调节器的智能播种机,可以实现播种株距的无级调节,解决了排种株距调节控制的问题。2014 年,东北农业大学谷金龙、陈海涛等课题组[95],研究开发了 2BXJ-4 型用于大豆小区育种的符合农艺要求的精量播种机(见图 1-5),整机工作稳定、传动可靠,该方案解决了小区播种机的精量播种问题。2015 年,山东理工大学蒋春燕、耿端阳等[96],针对传统玉米播种机在播种过程中存在的地轮滑移问题,开发了控制中心为单片机的电控系统,测速元件为霍尔传感器,利用触摸屏作为输入终端,实现播种参数的显示,该方案解决了传统排种系统地轮打滑对排种精度的影响问题。2015 年,贾洪雷、赵佳乐等[97-98]设计了双凹面摇杆式排种器,解决了大豆精密播种精密排种器高速充种、清种、排种的问题。2017 年,陈玉龙、贾洪雷等,针对大豆高速精密播种器少的问题[99],设计了凸勺式高速排种器,并进行了相关试验,解决了大豆精密播种缺少高速排种器的问题。

(3)清种装置的研究。2008 年,于建群、申燕芳等针对组合内窝孔排种器进行了清种过程的离散元仿真[100],为后续的清种研究设计提供了参考依据。2015 年,祁兵、张东兴等针对集排式玉米精量排种器设计了清种装置[101],解决了滚筒式玉米排种器重播的问题。2017 年,黄珊珊、陈海涛等针对插装式排种器设计了清种系统,解决了播种时清种不彻底造成的混种问题[102]。

图 1-4　河南力垦农业机械有限公司 自走式数控小区条播播种机

图 1-5　东北农业大学 2BXJ-4 型悬挂式 大豆小区播种机

(4)整机电驱动装置的研究。2010 年,青岛农业大学王亮、尚书旗[103],设计了播种机电源系统,利用拖拉机上原有电源可满足控制系统、电机控制电路、传感器和北斗 GPS 导航系统等需要的电源能量,专门进行了电磁兼容设计。该方案解决了小区播种机的电源电路问题。2014 年,黑龙江八一农垦大学的于国明、胡军[104],针对传统小型播种机结构松散、排种器播种不均匀、适应性差等问题,设计了一种电动小区变量精密播种机。该设计解决了小型播种机的电机驱动问题。2014 年,中机美诺科技股份有限公司的李建东、杨薇等[105],设计了一款全自动化的小区精量播种机,通过对整机简单的操作即可完成不同区域精量播种的任务,该方案解决了小区播种机的可视化操作问题。

近年来,随着国家对农业机械化发展的不断投入,中国的农机装备逐步由低端产业链向中高端产业链迈进,随着智能化技术等高新技术向农业装备的推广应用[106-115],小区播种机的现代化步伐越来越快。

1.2.3 存在的问题

虽然学者针对小区播种机做了大量的相关工作,但仍然存在下列问题:

(1)国内外现有小区播种机的自动送种装置研究较少,小区播种机大多仍然采用人工送种,费时费力。

(2)国内外现有小区播种机播种控制系统仍然以机械式传动控制为主,智能化的控制系统很少,特别是大豆播种系统的电子控制系统较少,控制效果不理想。

(3)国内外现有小区播种机还没有有效解决快速清种问题,存在清种困难、不能彻底清种等问题。

(4)目前,还没有接受专业培训的小区播种机驾驶操作人员,因此小区播种质量受到操作人员素质影响较大,需要开发易操作、集成化、智能化的控制系统,降低人为影响,提高播种质量。

本书针对以上问题,提出相关设计方案,解决现有小区播种机无电驱动行走系统、无自动送种系统、自动排种系统控制精度低和无自动清种系统的问题。

1.3 研究的目标与内容

本书在现有汽油动力驱动气吸式排种器小区播种机的基础上,研究电动粒播小区播种机各关键工作系统的工作机制,解决无自动送种系统、自动排种系统控制精度低、无自动清种系统和整机控制系统等关键技术问题,克服目前粒播小区播种机存在的不足,完善粒播小区播种机的功能,并研制一台结构简单、技术可靠、播种精度高的粒播小区播种机。

(1)分析大豆小区播种机的工作机制,提出上述关键系统的设计要求及能够采用的工作方案,通过分析各方案的优缺点,确定可行方案,确定关键系统的结构及控制方式,完成大豆小区播种机的整机设计。

(2)采用步进电机驱动水平旋转转盘式圆盘圆柱种杯式送种方式,分析整个系统的结构及工作原理,确定各组成部件的结构参数,并对自动送种系统进行动力学分析,研究送种机构的运动特点,分析系统控制的实现方式。通过该自动送种系统的工作性能试验分析,验证该系统的工作性能、系统的工作稳定性及可靠性。

(3)应用车速传感器收集车速信号,PLC 处理编码器信号并控制步进电机,步进电机驱动排种器实现智能排种。分析排种系统的各主要工作部件的工作机制,确定合适的结构参数。研究自动排种系统控制的实现方式。对排种系统进行试验分析,确定影响排种效果的因素,并进行参数优化,获得排种系统的最佳方案。

(4)建立负压吸种的清种方式。分析存种腔内剩余种子的残留状态和位置参数,以确定最佳清种口的结构参数。对清种系统进行试验分析,以确定清种系统的最佳控制方案。

(5)对开沟装置进行力学分析,分析开沟装置的受力变化及范围,以确定开沟装置的最佳控制方案。

(6)对整机的控制系统进行模块化设计,使各子系统控制方案操作简便,增强整机控制方案的适用性。

(7)对整机进行田间验证试验,以各行的漏播指数、重播指数、株距变异系数为指标,衡量大豆小区播种机的整机控制系统和整机工作性能。

1.4 预解决的关键问题

(1)引用行星轮周转轮系理论,制订转盘式送种方案,解决种盘旋转过程中不同小区种子更换的问题。

(2)建立负压清种整体方案,应用狭管效应理论,设计狭管清种口,解决排种器存种腔内残留种子清除的问题。

(3)应用模块化程序设计,解决多个电控系统的控制设计问题。

1.5 研究方法及技术路线

研究方法及技术路线见图 1-6。

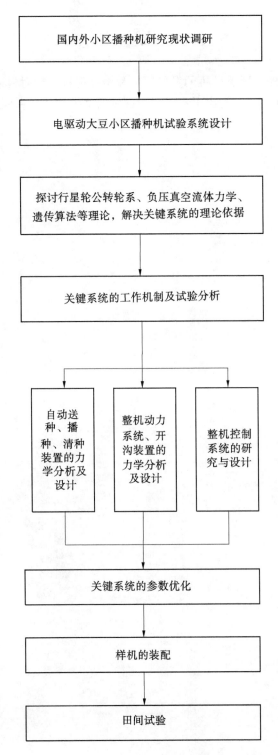

图 1-6 研究方法及技术路线

1.6　本章小结

　　本章研究了国内外小区播种机的发展历史和研究现状。针对目前我国大豆小区播种机的结构特点以及应用现状,提出了本书研究课题所需要解决的关键技术问题、技术路线和研究方法。

第 2 章　电驱动小区播种机关键部件的工作机制分析

本章从大豆小区播种机的设计基础和设计要求等方面出发,设计和分析大豆小区播种机的自动送种系统、自动排种系统、自动清种系统和电控开沟系统等核心系统。提出设计方案,并对方案进行分析和论证,确定核心系统的结构参数,完成整机的设计和装配,使其具备大豆播种机的基本功能,完善大豆小区育种的工作要求,以达到大豆小区播种机的设计目标。

2.1　电驱动小区播种机的特点和要求

大豆小区播种机是一种专用播种机,用于满足科研院所的技术人员田间试验的要求,如进行培育和繁殖优良品种,做品种对比试验等。此类播种机械需要满足以下工作要求:

(1)由于工作区域小,小区长度、宽度有限制,要求小区播种机能够供应多品种、多分量的种子。

(2)行距、播深、播种合格率等指标要求严格,要求小区播种机的排种控制精度高、整机性能高。

(3)各小区播种的种子不能混杂,要求小区播种机每小区播完种子后清种干净。

以型孔式排种器排种原理为基础,根据作业特点及用途,必须满足以下设计要求:

(1)能够自动上种,减少人力环节。

(2)株距均匀,播种精准,排种器驱动电机转速与车辆行进速度匹配。

(3)每小区播完后,及时清种,避免种子混杂。

2.2　电驱动小区播种机种子流向控制过程及特点

电动大豆小区播种机的种子从送种系统的种杯内流向排种系统的排种器种腔内,经排种过程后,大部分经排种管流向开沟器所开种沟内,一小部分仍然残留在种腔内,经过清种系统负压吸拾,残留种子流向种子回收箱内。对种子流向控制过程中的送种、排种、清种等关键控制系统的特点进行分析,为后续设计提供理论依据。

2.2.1　自动送种系统的机制分析

自动送种系统的设计主要满足两个要求:①能够尽量多地安装种杯,以满足多小区不同种类种子的播种,不用频繁换种;②种杯在运动过程中,能够及时打开漏种口,将种子送至排种器内。

因此,依据行星齿轮周转轮系原理,提出行星齿轮公转轮系精准送种理论,行星齿轮周转轮系示意图如图 2-1 所示。

应用反转法把行星齿轮系转化为定轴轮系来计算,传动比计算公式如下:

$$i_{13}^H = \frac{\omega_1^H}{\omega_3^H} = \frac{\omega_1 - \omega_H}{\omega_3 - \omega_H} = -\frac{Z_2 Z_3}{Z_1 Z_2} = -\frac{Z_3}{Z_1} \tag{2-1}$$

式中　i_{13}^H——太阳轮与齿圈的传动比;

　　　　ω_1——太阳轮角速度,rad/s;

　　　　ω_2——行星轮角速度,rad/s;

　　　　ω_3——齿圈角速度,rad/s;

　　　　Z_1——太阳轮齿数;

　　　　Z_2——行星轮齿数;

　　　　Z_3——齿圈齿数。

根据式(2-1)可知,假设将中心太阳轮设计得足够小,外围齿圈设计得足够大,在直径和模数一定的情况下,外圈齿数远大于中心太阳轮齿数,传动比趋于负无穷大,即中心太阳轮转动时,齿圈及行星轮的转动量很小,意味着外齿圈和行星轮做公转,而不做自转。由此,提出行星轮公转轮系精准送种理论,原理如图 2-2 所示,设计圆形种盘,内嵌圆柱形种杯,将种盘视为外齿圈,种杯视为行星轮,将种盘中心电机轴位置一个点视为太阳轮,当电机轴转动时,种盘和种杯围绕中心点做公转,都具有一个相同的角速度 ω,种盘不做自转,但是在离心力的作用下,种杯离中心点半径越大,受到的离心力越大[见式(2-2)]。种杯会有做自转的运动趋势,需要对种杯做限位设计,防止种杯自转而影响送种准确性。由此实现种杯的交替更换,即实现行星轮公转轮系精准送种。

$$F = m\omega^2 r \tag{2-2}$$

式中　F——离心力,N;

　　　　m——质量,kg;

　　　　ω——角速度,rad/s;

　　　　r——半径,m。

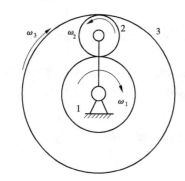

图 2-1　行星齿轮周转轮系示意图

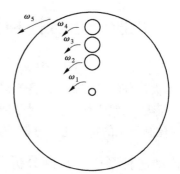

图 2-2　行星轮公转轮系精准送种原理

送种圆盘在送种过程中,质量发生变化,根据变质量刚体旋转的理论,将供种盘视为一个变质量刚体,供种盘转动的微分方程为:

$$J = \int_0^m r^2 \mathrm{d}m = \int_0^R \frac{2m}{R^2} r^3 \mathrm{d}r = \frac{m}{2} R^2 \tag{2-3}$$

式中　J——转动惯量,$\mathrm{kg \cdot m^2}$;

　　　r——转动半径,m;

　　　m——质量,kg;

　　　R——种盘半径,m。

当供种盘内放满小区的种子时,供种盘旋转过程中,动力部件提供的力矩为 M_1,供种盘的初始惯性力矩为 J_1,种子每小区下落质量为 m,供种盘的直径为 r,根据变质量刚体绕轴转动的运动微分方程:

$$J_0 = J_1 - \frac{1}{2} m r^2 \tag{2-4}$$

式中　J_0——变质量后刚体对定轴的惯性力矩;

　　　J_1——变质量前刚体对定轴的惯性力矩。

由式(2-4)可知,随着送种时间的变化,种盘的质量逐渐变小,转动惯量随之变小。因此,在电机选型时,只需考虑种盘满载时需要的转矩。转矩表达式为:

$$T = Fr = mgr \tag{2-5}$$

式中　T——转矩,$\mathrm{N \cdot m}$;

　　　F——启动力,N;

　　　m——负载质量,kg。

考虑到送种装置的内部阻力和部件间的摩擦力等因素,需要将负载质量扩大至 1.1~1.2 倍,对电机的选型提供参数依据。将各参数代入式(2-5)中,计算可得:$T = 28.028 \sim 30.576\ \mathrm{N \cdot m}$,为电机选型提供数据参考。

2.2.2　自动排种系统的机制分析

自动排种系统主要解决两个问题:①能够通过电控的方法自动调节株距的问题;②通过电控系统提高播种精度的问题。

2.2.2.1　株距无级调节的数学模型

为了实现精准播种,保证株距均匀,需要对排种器进行精准控制,即当播种机行进速度快时,驱动排种器转动的步进电机转速相应加快;当播种机行进速度慢时,步进电机输出轴旋转速度相应地变低。这就需要确定二者之间的函数关系,即

$$L = \frac{S}{M - 1} \tag{2-6}$$

式中　L——株距,m;

　　　S——播种距离,m;

　　　M——播种粒数。

$$S = v_1 T_1 \tag{2-7}$$

式中　v_1——播种机速度;

　　　T_1——播种机行走时间。

$$M = NT_2 \tag{2-8}$$

式中　N——单位时间播种数；

　　　T_2——排种器转动时间。

$$N = nK \tag{2-9}$$

式中　n——排种器转数；

　　　K——排种器窝眼数。

由于排种器排种轴通过联轴器与步进电机输出轴联接，不经过其他的减速传动装置，所以排种器排种轴旋转速度与步进电机输出轴旋转速度相同，播种机前进时间与排种器排种时间相等，故 $T_1 = T_2$；排种器单位时间转速 v_2 与排种器转数 n 之间的关系为：

$$n = \frac{v_2}{f} \tag{2-10}$$

本试验选取的步进电机步进角是步距角 $1.80/$步，16 细分。

在给定株距的情况下，播种机转速 v_1、排种器转速 v_2、步进电机脉冲当量 f 之间的关系式如下：

$$L = \frac{fv_1}{v_2 K} \tag{2-11}$$

排种器转速 v_2 取决于步进电机收到的控制转速的脉冲量 X，本研究将步进电机步数、窝眼式排种器排种数 K 等各数值作为常量 A 代入，可得公式：

$$L = A \frac{v_1}{X} \tag{2-12}$$

根据此数学模型，可以编写株距无级调节的控制程序。

2.2.2.2　基于遗传算法的排种器电机模糊控制

步进电机的传递函数[116-120]为：

$$T_d T_m \frac{d^2 n_1}{dt^2} + T_m \frac{dn_1}{dt} + n_1 = \frac{1}{K_e} U_0 \tag{2-13}$$

式中　T_d——电磁时间常数，s；

　　　T_m——机械时间常数，s；

　　　n_1——电机转速，r/min；

　　　K_e——电机反电动势常数，V·s/rad；

　　　U_0——电枢电压，V。

将初值以 0 代入式(2-11)中，并做拉氏变换，整理可得步进电机的传递函数为：

$$G(s) = \frac{1/K_e}{T_m T_d s^2 + T_m s + 1} \tag{2-14}$$

将该试验选用电机的主要参数代入式(2-14)可得该步进电机的传递函数为：

$$G(s) = \frac{11.8}{0.006 s^2 + 0.66 s + 1} \tag{2-15}$$

一般 PID 调节器的离散表达式如下：

$$u(k) = K_{\mathrm{P}}e(k) + K_{\mathrm{I}}T\sum e(j) + K_{\mathrm{D}}\Delta e(k)/T \tag{2-16}$$

式中　T_{I}——积分时间常数;

　　　T_{D}——微分时间常数。

将 $K_{\mathrm{P}} = 10.68, K_{\mathrm{I}} = 291.001, K_{\mathrm{D}} = 0.098$ 三个参数代入 Matlab 的 Simulink 模型中,得到仿真结果如图 2-3 所示。

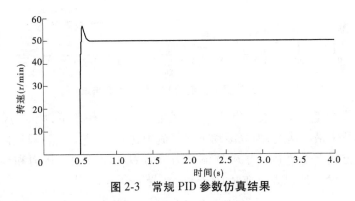

图 2-3　常规 PID 参数仿真结果

由图 2-3 可以看出,应用常规模糊控制的仿真结果整体稳定,但是超调量大。

遗传算法中 PID 参数的取值范围[121-129], K_{P} 为 $[0,1]$, K_{I} 为 $[0,20]$, K_{D} 为 $[0,1]$,采用二进制编码方式对上述 3 个参数进行编码。为了避免超调,采用惩罚功能,最优指标函数选为:

$$J = \int_0^\infty \left[w_1 \left| e(t) \right| + w_2 u^2(t) + w_4 \left| e_y(t) \right| \right] \mathrm{d}t + w_3 t_{\mathrm{u}} \qquad \left[e_y(t) \right] < 0 \tag{2-17}$$

式中　w_1、w_2、w_3、w_4——权重值,并且 $w_4 \gg w_1$;

　　　$e(t)$——系统误差;

　　　$u(t)$——控制器输出;

　　　$e_y(t)$——两次采样时间间隔系统输出误差;

　　　t_{u}——上升时间。

建立控制系统的 Simulink 模型,本次设计中,遗传算法各参数取值为:$w_1 = 0.999$, $w_2 = 0.1, w_3 = 1.0, w_4 = 100$,种群规模 $N = 30$,交叉概率 $P_{\mathrm{c}} = 0.8$,变异概率 $P_{\mathrm{m}} = 0.3$。经过 100 代进化后,可得优化参数,将优化整定后 PID 参数代入 Simulink 模型中进行仿真,可得仿真曲线如图 2-4 所示,系统无超调,系统无振荡。

由图 2-3 和图 2-4 对比观察可得,采用遗传算法模糊控制策略对电机控制的仿真结果优于采用常规模糊控制策略的仿真结果。

2.2.3　自动清种系统的机制分析

自动清种系统主要解决现有小区播种机的机械式排种器清种困难、清种不彻底的问题。根据前期预研,应用负压真空、流体力学的理论,研制负压清种系统。

2.2.3.1　大豆在清种口气流中的受力分析

大豆种子堆积在清种口处,若想将大豆完全吸入清种风道内,风道口处的风速应该大

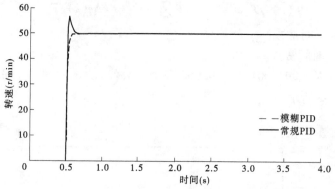

图 2-4 遗传算法整定的 PID 参数仿真结果

于大豆启动所需最小速度。当大豆启动后,在风道气流持续作用下,此时,风道风速仍然要大于大豆启动所需最小速度,大豆滚动进入气流中,并最终进入清种风道内[130-134]。

大豆在竖直方向上受到上升力 L、气流阻力分力 $D_分$,以及大豆重力和浮力的合力 G 的共同作用(见图 2-5),所以大豆在竖直方向上所受的合力 $F_合$ 为:

$$F_合 = G - L - D_分 \tag{2-18}$$

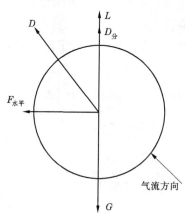

图 2-5 单粒大豆受力分析简图

大豆启动时的临界状态为:

$$F = \mu F_合 \tag{2-19}$$

式中 μ——大豆与接触面的摩擦系数。

整理得:

$$D = \mu(G - L) \tag{2-20}$$

$$C_D \frac{\rho U^2}{2} A = \mu \left[(\rho_s - \rho) V g - C_L \frac{\rho U^2}{2} A \right] \tag{2-21}$$

将上述公式进行整理,可得大豆启动时所需最小风速 U,为:

$$U = \sqrt{\frac{2\mu(\rho_s - \rho)gV}{(C_D + \mu C_L)\rho A}} \tag{2-22}$$

因为清种的气流为湍流,所以取:$C_D = 0.44$,$C_L = 0.18$。

经查阅资料[135-140]，大豆与塑料壳体的摩擦系数为 0.3~0.5；大豆的密度为 700.16 kg/m³，大豆的直径为 7.398 mm，取摩擦系数为 0.4，将上述参数代入式(2-22)，可得：

$$U = 21.075 \ \text{m/s}$$

可知，当清种装置的清种口截面风速大于 21.075 m/s 时，就可以将存种区的大豆吸起，并进入清种风道。

大豆被清种装置的清种口吸进去后，被与清种口相连的风道吸拾起，最终将被送至收集箱内。风道将大豆完全吸拾起来，需要满足以下条件：

$$F_1 > G \tag{2-23}$$

$$P_1 A > (\rho_s - \rho) V g \tag{2-24}$$

式中　F_1——大豆在风道口处理论上所受到的竖直方向的力，N；

　　　G——大豆重力与浮力的合力，N；

　　　P_1——吸拾起大豆所需要的静压，Pa；

　　　A——大豆的迎风面积，m²；

　　　ρ_s——大豆的密度，kg/m³；

　　　ρ——气体的密度，kg/m³；

　　　V——大豆的体积，m³。

将大豆的体积及迎风面积关系式分别代入式(2-24)中，整理可得到清种装置风道口将大豆完全吸拾进去所需要的最小负压，即：

$$P_1 > \frac{2(\rho_s - \rho) g d_1}{3} \tag{2-25}$$

将大豆的密度、大豆的直径、气体的密度等参数代入式(2-25)中，可得最小负压值为：

$$P_1 > 34.472 \ \text{Pa}$$

当风道口处的负压绝对值大于 34.472 Pa 时，清种装置可以将存种区的大豆完全吸拾进收集箱内。

2.2.3.2　清种口的流场分析

清种口中气流速度分布对清种装置的清种效率起决定性作用，同时，只有气流速度大于大豆最低启动速度时，大豆才能被吸拾走。气流速度分布指标是指在清种口范围内的存种区域气流速度大于大豆的启动速度，一般设计指标应为大豆启动速度的 1.5 倍以上，分布比较均匀，同时有较明显的向清种口风道方向聚拢的趋势，即

$$v_s \geqslant 1.5 v_q \tag{2-26}$$

式中　v_s——清种口气流速度设计值，m/s；

　　　v_q——大豆最低启动速度，m/s。

1. 风道出口最大风速

风道出口最大风速设计值应该大于大豆的沉降速度，一般应设计为大豆沉降速度的 2~4 倍，即

$$v_{max} = \frac{Q_{max}}{S} \geqslant n v_s \tag{2-27}$$

式中　v_{max}——风道出口最大风速，m/s；

Q_{max}——风机最大流量，m^3/s；

S——风道截面面积，m^2；

n——放大倍数；

v_s——大豆的沉降速度，m/s。

建立清种口的物理模型，方便进行 Fluent 分析。根据 Fluent 软件的分析规则，不考虑清种口的壁厚，以空气流体所通过的区域为计算域建立清种口的模型用于分析[141-145]。三维管道模型如图 2-6、图 2-7 所示。

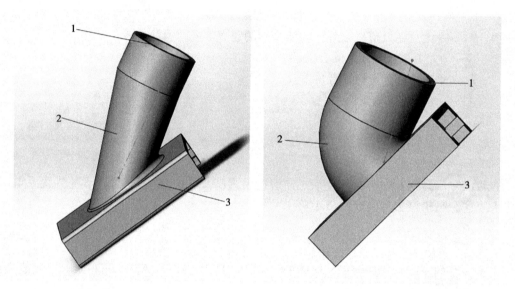

1—接头；2—狭管；3—安装面

图 2-6　狭管清种口模型　　　　　　　1—接头；2—直角弯管；3—安装面

图 2-7　直角弯管清种口模型

2. 控制方程

1）连续性方程

$$\frac{\partial \rho}{\partial t} + \nabla \cdot (\rho v) = 0 \tag{2-28}$$

式中　ρ——流体密度，kg/m^3；

　　　v——流体速度矢量，m/s。

2）动量方程

$$\rho \frac{\partial v}{\partial t} + \rho(v \cdot \nabla) v = -\nabla \cdot p' + \nabla \cdot (\mu_{eff} \nabla \cdot v) + \nabla \cdot [\mu_{eff}(\nabla \cdot v)^T] \tag{2-29}$$

校正压力：

$$p' = p + \left(\frac{2}{3}\mu - \zeta\right) \nabla \cdot v \tag{2-30}$$

式中　p——静压力，Pa；

　　　ζ——体积黏性系数，$Pa \cdot s$。

$$\mu_{eff} = \mu + \mu_T \tag{2-31}$$

式中 μ_{eff}——有效黏度系数,Pa·s;

μ——层流黏度系数,Pa·s;

μ_T——湍流黏度系数,Pa·s。

$$\mu_T = C_\mu \rho \frac{k^2}{\varepsilon} \tag{2-32}$$

式中 k——湍动能,J;

ε——动能耗散系数。

3)k-ε 标准双方程

$$\frac{\partial pk}{\partial t} + \nabla \cdot (\rho vk) - \nabla \cdot \left[\left(\mu + \frac{\mu_T}{\sigma_k} \right) \nabla \cdot k \right] = p - \rho \varepsilon \tag{2-33}$$

$$\frac{\partial p\varepsilon}{\partial t} + \nabla \cdot (\rho v\varepsilon) - \nabla \cdot \left[\left(\mu + \frac{\mu_T}{\sigma_k} \right) \nabla \cdot \varepsilon \right] = C_1 \frac{\varepsilon}{k} p - C_2 \rho \frac{\varepsilon^2}{k} \tag{2-34}$$

$$p = \mu_{eff} \nabla \cdot v \left[\nabla \cdot v + (\nabla \cdot v)^T \right] - \frac{2}{3} \nabla \cdot v (\mu_{eff} \nabla \cdot v + \rho k) \tag{2-35}$$

3. 两种清种口方案的流场分析

将三维模型,转换成二维模型后,划分网格(见图 2-8),网格数量分别控制在 19 000 和 5 000 左右,大大简化了计算用时和计算量[146-148]。

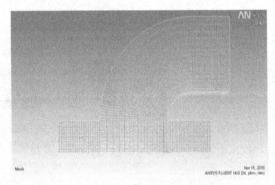

图 2-8 清种口的网格划分

网格模型建立后,在计算前需要设定边界条件。本书采用压力进口、压力出口的边界条件进行计算。根据经验值,进口静压力设为标准大气压力,出口相对压力设为 -2 000 Pa。在一定的合理假设下,k-ε 标准双方程能够很好地预测气流速度和温度等数值,所以仿真选择 k-ε 标准双方程作为湍流计算模型。计算到 400 步左右时收敛,获得结果如图 2-9~图 2-12 所示。

通过观察速度云图和压力云图可得,采用狭管清种口更有利于排种器中残余种子的清理。从入口处进入的气流大部分从管道中间流动、从出口流出,少部分沿管道壁流动。狭管清种口的入口处气流速度达到 48.77 ~ 195.1 m/s,狭管处气流速度达到 97.53 ~ 438.9 m/s,而且速度分布比较均匀,出口处气流速度达到 48.77 ~ 146.3 m/s。气流速度指标达到了清种的要求。

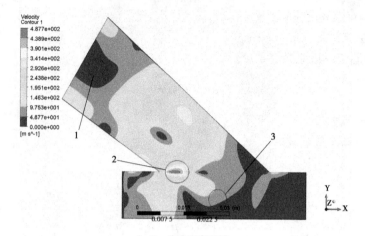

1~3—流速观察区域

图 2-9　狭管清种口的速度云图

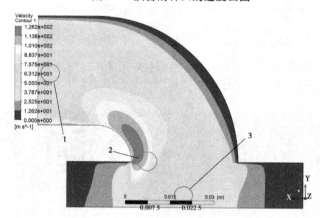

1~3—流速观察区域

图 2-10　直角弯管清种口速度云图

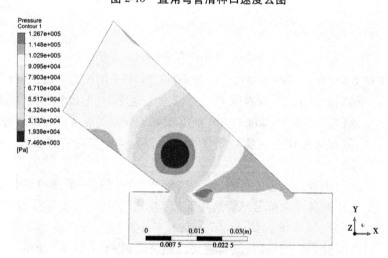

图 2-11　狭管清种口的压力云图

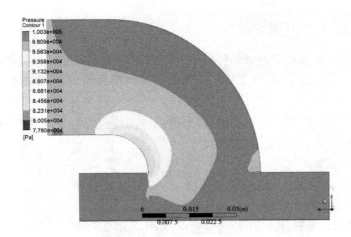

图 2-12　直角弯管清种口的压力云图

2.3　电驱动小区播种机的整体设计方案

科学、合理地设计大豆小区播种机各关键装置的参数,可保证播种机工作性能稳定、可靠,不伤种,播种均匀,行距、株距、播深均合格。

大豆小区播种机系统整机结构如图 2-13 所示,由自动送种系统、排种系统、自动清种系统等组成。在播种机进入工作小区边界时,自动送种装置 1 中的送种盘步进电机 11 工作,将种杯 2 送至预定位置,种杯漏种口打开,种子通过排种管 3 落入排种器 4 的存种腔中。播种机开始行进时,车轮上的车速传感器 7 将车速信号反馈给 PLC 8,PLC 通过数学模型计算,控制排种器步进电机 5 的转速,使排种器步进电机转速与车速匹配,获得所需株距。种子通过开沟器 6 内的导种管落入所开种沟内。

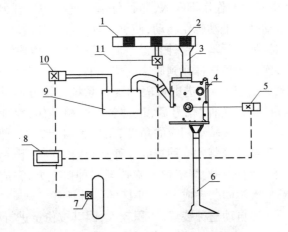

1—自动送种装置；2—种杯；3—排种管；4—排种器；5—排种器步进电机；6—开沟器；7—车速传感器；
8—PLC；9—种子回收箱；10—清种风机；11—送种盘步进电机

图 2-13　大豆小区播种机系统整机结构

2.3.1 自动送种系统方案设计

自动送种系统包括存种装置和送种机构,是为大豆播种机待播小区提供种子的系统,送种装置的结构需要尽量简单,易于更换。为减轻人力资源的负担,提高自动化效率,自动送种系统要求操作简单、送种方便、送种及时准确;存放种子种类多、自动更换,各小区存放的种子不能混杂。每小区开始播种前,自动送种系统应将待播区域的种子提前准备在排种器存种区域上方,便于实现快速供种。

自动送种系统方案对比分析如下:

(1)方案一:弹夹平动式气动力驱动送种系统。该方案供种装置的工作由气动机构控制完成,供种盒存放一定量的种子,像子弹一样依次卡在供种板上,工作时,供种盒下方的汽缸伸长,带动链轮旋转,推动供种盒至限定位置,如图 2-14 所示。

图 2-14　弹夹式种盒及安装位置

(2)方案二:共轴双盘格水平旋转式电磁力驱动送种系统。该方案的供种装置由电磁力驱动完成供种任务。当存种装置进入预定位置后,安装于支撑架上的电磁装置工作,电磁装置行位部分在电磁力的作用下吸入,与行位部分连接的连杆另一端与步进传动装置的摆杆连接,摆杆带动棘爪推动棘轮转动,使供种盘绕传动轴转动。装有种子的供种盘格运动到供种口上方时,种子下落至存种装置上端的漏斗内。电磁装置断开,在电磁装置内回位弹簧的作用下,连杆带动摆杆回到原来的位置上,完成一个小区的自动送种过程。

(3)方案三:转盘式圆盘种杯步进电机驱动送种系统。该方案供种装置由步进电机驱动完成。当操作人员给出"送种"信号后,送种装置开始工作,存种圆盘按设定角度旋转,当存种圆盘内的某一组种杯转动相应的角度,至供种口上方时,种杯底部的开关片打开,大豆种子沿漏种口和导种管落入排种器的存种空间内。进入下一小区播种时,步进电机旋转,空种杯转走,下一组种杯按规定角度旋转至漏种口上方,完成某一个小区的自动送种过程,该方案能够一次不间断完成 12 个小区的供种任务。

方案分析:方案一所述自动送种装置,体积较大,因其按份量进行种子填装,所以较适用于条播小区育种播种机。在连续播种作业过程中,需要占用一个人力进行种盒的安装、更换和操作维护,不适用于本书研究的大豆小区播种机上。

方案二虽然使用了电磁装置进行供种,但是分种过程中,依靠离心力及锥形体进行分种,分种不够均匀。而且,种盒打开过程中,需要一个提升机构,整体结构上稍显复杂。因此,本方案不适合用于本书研究的大豆小区播种机上。

方案三采用步进电机驱动,种杯及种盘结构设计精巧、简单,控制精确,操作方便。因此,本书选择方案三。

2.3.2　自动排种系统的方案设计

排种器排种过程主要包括充种和运种两个运动过程。充种的运动过程主要由排种器充种装置来完成实现,排种器存种空间内的种子在自身重力和种群摩擦力的作用下,进入排种器运种装置的空间内,运种装置运动的同时,依靠摩擦力将排种器存种空间内的种子运送到排种口。种子下落,经过导种管、开沟器,落入种沟内。

方案对比分析:

(1)机械传动指夹式精密排种器。该类型排种器利用类似人体手指夹持物体的原理设计指夹,通过指夹的加持作用来携带种子。排种器工作时,排种轴的动力来源于播种机的地轮,排种轴转动,带动指夹盘和压盘进行转动,指夹盘通过排种器存种区域时拾取种子。凸轮和微调弹簧一起控制取种指夹的开闭。指夹式排种器能有效避免工作过程中由于播种机具振动造成的种子掉落,但是在指夹拾取种子时造成的种子破碎情况较多,伤种率较高。

(2)机械传动勺轮式精密排种器。该类型排种器利用勺形结构作为容腔,播种盘在存种区通过勺子拾取1或2粒种子,当勺子旋转时,多余的种子在重力作用下滑下。当勺子到达播种器顶部时,种子在自身重力作用下落入导种叶轮槽内,种子随导种叶轮槽同步转到排种器底部完成排种。其结构简单、工作可靠,成本较低,但在实际田间作业过程中,尤其是进行高速作业时,会因为播种机具产生的振动,勺内种子滑落,导致严重的漏播情况。

(3)电控窝眼轮式精密排种器,如图2-15所示。窝眼轮式排种器工作时,其存种腔内的种子依靠自身重力填充进型孔内。当填充过种子的型孔轮经过清种刷时,多余的种子被清种刷刷去,保证型孔内只留有一粒种子。型孔轮继续运动,进入护种区,此时种子在重力作用下预脱离型孔,但在护种板的作用下依然在型孔内,直至型孔轮运动出护种板区域,型孔内的种子在自身的重力和型孔轮的离心力共同作用下离开型孔,经开沟器内导种管落入所开种沟内,从而实现单粒精密播种。窝眼轮式排种器传动比较简单,易于实现电机控制。步进电机驱动窝眼轮式排种系统,利用编码轮作为信号源,检测播种机的前进速度,并将检测到的脉冲信号反馈给PLC,再由PLC根据数学模型计算后,将计算所得控制信号发送给排种器的步进电机驱动器,进而控制步进电机的转速,使排种器转速与行进车速保持对应,在保证播种株距一定的情况下,完成播种工作。

方案分析:首先,传统的机械式排种装置,其排种器动力来源于地轮,如果地轮在前进过程中产生"打滑"现象,那么排种装置的工作将受到影响,造成播种不均匀等,影响播种效果。其次,对播种作物大豆而言,使用窝眼轮式排种器测得的单粒播种精度,比使用指夹式和勺轮式播种器测得的单粒播种精度要高。最后,采用机械式传动,对于株距的改变和小区长度的改变,都需要人力对机械齿轮结构进行传动比的调节,费时费力。采用步进电机驱动排种器,不仅避免了地轮"打滑"现象对排种效果的影响,而且操作简单、控制精

图 2-15　电控窝眼轮式精密排种器

确、工作稳定。综上所述,采用方案三,电机控制窝眼轮式排种系统,更适合大豆等大粒径作物的排种。

2.3.3　自动清种系统的方案设计

自动清种系统是电动大豆小区播种机减少人力作业的一个重要系统。在每个小区播种完成后,为避免每个小区的种子混杂,需要在开始下一个小区播种前,对残留在排种器中上一小区未播完的种子进行及时清理。自动清种系统的工作效率和工作可靠性直接影响到小区育种试验的结果。

要求:清种及时,无种子残留,操作简便。

方案对比分析:

(1)种盒更换式。存放种子的种子箱安装于排种器上方并与排种器上种口紧密配合。小区播种作业完成后,将种盒直接卸掉,将下一小区的种子盒安装于排种器上,排种器内残留种子需要将排种器倒转,人工进行收集。

(2)负压吸收式。采用电机抽气,收纳桶与排种器之间由导管进行连接,每个接口都密闭。开始清种时,电机抽气,在收纳桶内产生负压强,同时将排种器倒转,排种器内种子在导管负压作用下,顺着导管被吸入收纳桶内,残留种子吸拾干净后,排种器停止倒转同时电机停止工作,清种工作完成。

方案一,结构简单,但需要人力,费时费力,效率较低。方案二,结构较复杂,但工作时,不需要人力,工作时间短,清种干净,效率高。因此,采用负压吸收式清种系统。

2.3.4　开沟系统的方案设计

小区播种机工作时,开沟系统随着小区播种机的前进挖出一定深度的种沟,同时排种系统将种子和肥料排入种沟,开沟系统能够使沟壁回落的土壤覆盖已经播入种子和肥料的种沟。该系统需要尽量满足不同土壤条件的开沟工作和满足不同农艺要求的播深调整。因此,开沟系统需要有播深调节功能。开沟系统的开沟深度均匀性影响播深合格指数,进而影响种子的发芽率。因此,要求开沟系统工作时,沟深均匀、沟型平直、播深可调、可靠性好、适应性强。

方案对比分析:

(1)机械调节圆盘式开沟系统。圆盘式开沟器由两个回转的平面圆盘组成,两个圆盘在前下方相交于一点,圆盘式开沟器工作时靠重力和弹簧附加力入土[149-153]。由排种器排出的种子,经过输种管落入两圆盘中间的种沟内,种子由沟壁回落的土壤覆盖。圆盘式开沟器,开出的种沟沟底有一定的弧度,不符合大豆种子小区播种的要求。

(2)机械调节靴鞋式开沟系统。靴鞋式开沟器主要工作部件是中空的如靴鞋状的整体开沟铲,靴鞋式开沟器工作时铲子刃口在垂直方向切入土壤。种子由靴鞋的中间落入种沟内,种子由沟壁回落的土壤覆盖。靴鞋式开沟器开出的种沟,沟底平整,但是大豆种子易产生跳跃,株距易变化,不满足大豆小区播种的要求。

(3)电推杆调节箭铲式开沟系统。箭铲式开沟器主要工作部件是中空的箭头状开沟铲,工作时先由箭头状铲尖入土开沟,种子由箭铲中间落入种沟内,开沟器离开后土壤回落而覆盖种子。箭铲式开沟器适合不同土壤的开沟要求,能够满足大豆小区的播种要求。

由于小区作业的土壤环境好,土壤经过旋耕、深松等多次整理,阻力变小。考虑到大豆作物的小区播种要求株距、行距均匀,沟深一致,以及黄淮海地区的土壤性能特点,本书研究课题,选用箭铲式开沟器。采用电推杆控制调节开沟器的开沟深度,相对于机械式人工调节方式而言,控制简单,调节方便,省时省力。综上所述,本书采用方案三,电推杆调节箭铲式开沟器如图2-16所示。

图 2-16　电推杆调节箭铲式开沟器

2.3.5　配套动力的方案设计

大豆小区播种机的动力系统不仅要求能够驱动整车在松软田间行进作业,还要满足国家的环保要求。

2.3.5.1　柴油机动力自走式大豆小区播种机

该方案采用柴油机动力作为大豆小区播种机的驱动动力,发动机安装在播种机机架的后部,动力强劲。

2.3.5.2　悬挂式大豆小区播种机

该方案播种机本身不自带动力,需要采用外部牵引机具,比如拖拉机作为播种机的动力来源,播种机不可自主工作。

2.3.5.3　蓄电池动力自走式大豆小区播种机

该方案采用多组蓄电池配套驱动电机作为大豆小区播种机的驱动动力,蓄电池组容量能够满足播种机播种工作时长要求。

方案分析:2014 年 5 月,中国环保部将农用柴油机排放标准升级为"国三",加快了中国农业机械向绿色转型的脚步。2015 年 6 月,中国向全世界承诺到 2030 年,中国单位GDP 二氧化碳排放比 2005 年下降 60% ~ 65%。因此,农业机械的绿色环保对中国的节能减排战略至关重要。采用蓄电池组作为大豆小区播种机的驱动动力,没有排放污染,符合环保要求。综上所述,选择方案三,蓄电池动力自走式大豆小区播种机。

2.3.6　大豆小区播种机的计算机辅助设计

通过对大豆小区播种机的方案分析及论证,结合大豆小区播种机各关键系统的设计要求,最终确定各关键系统的结构参数。通过 SOLIDWORKS 软件,对组件进行零部件的装配设计,建立大豆小区播种机的三维模型(见图 2-17)。通过对大豆小区播种机各关键系统的结构设计、工作机制分析、运动学分析,为大豆小区播种机的整机合理设计提供了保证,也为各关键系统的进一步参数优化奠定了基础。

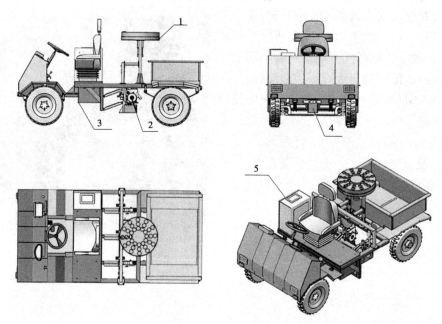

1—转盘式送种装置；2—排种器；3—蓄电池组；4—驱动电机；5—控制箱

图 2-17　大豆小区播种机的三维模型

2.4　大豆小区播种机的结构参数

大豆小区播种机按照设计要求主要包括自动送种系统、自动排种系统、自动清种系统、开沟系统等。大豆小区播种机通过 SOLIDWORKS 软件完成整机各个机构的三维设计,通过 AutoCAD 软件完成样机工程图纸的制作。大豆小区播种机三视图如图 2-18 所示,基本结构参数如表 2-1 所示。

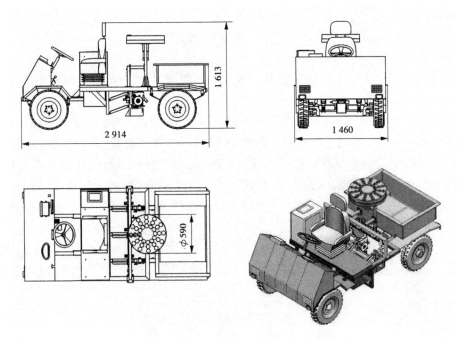

图 2-18　大豆小区播种机三视图　（单位:mm）

表 2-1　大豆小区播种机基本结构参数

项目	单位	参数
外形尺寸(长×宽×高)	mm×mm×mm	2 400×1 350×1 000
轴距	mm	1 200
轮距	mm	1 300
离地间隙	mm	300
结构质量	kg	450
轮胎规格	in	350—10
行数	行	3
行距	mm	400
传动方式	—	电驱动
排种器形式	—	窝眼轮式(气吸式)
排种器个数	个	3
开沟器形式	—	电控靴式
开沟器个数	个	3
电动机功率	kW	3
前进挡最大行走速度	km/h	8
后退挡最大行走速度	km/h	3

2.5　本章小结

（1）本章分析了大豆小区播种机的基本工作原理，针对各个关键工作系统的作用，提出了设计要求；根据设计要求，提出了不同的设计方案；结合实际工作状态和本研究课题的实际情况，对提出的不同方案进行利弊分析，最终选择合适的方案。并对各关键系统进行了机制分析，为后续研制工作进行了理论铺垫，提供了理论依据。

（2）根据各个关键系统所选择的方案，利用 SOLIDWORKS 软件，完成各个零部件的绘制及装配，建立整机模型。通过 AutoCAD 软件，完善和制作整机工程图样。

第 3 章　电驱动小区播种机整体布局及配套系统的设计与分析

科学地设计大豆小区播种机各关键装置的参数,合理地布局各关键系统的位置,确保大豆小区播种机整机的工作稳定性和可靠性,提高播种机精密排种的准确性。本书设计方案基于蓄电池组电源供电的驱动电机为整机动力的纯电动小区播种机。

3.1　动力系统的设计与分析

本节以大豆小区播种机动力需求为研究对象,为了使大豆小区播种机具有较好的机动性、自由性,采用整机自带动力的方案。因此,要求整机动力满足以下条件:①整机连续工作不低于 8 h;②能够完成开沟、爬坡等工作需求;③绿色环保,清洁无污染。对以上三点进行研究分析,确定合适的动力方案,达到实际应用要求。

3.1.1　方案对比分析

(1)汽油发动机动力,采用符合最新"国六"标准的发动机,体积小,排放达标,动力性能较差,经济性较差。

(2)柴油发动机动力,采用符合最新"国六"标准的发动机,体积较大,排放达标,动力性能较好,经济性较差。

(3)蓄电池组-电动机动力,采用环保型大容量蓄电池组,无污染排放,配合大扭矩驱动电机,动力性能好,经济性好,缺点是蓄电池体积大。

综上所述,采用汽油发动机和柴油发动机的方案,一方面要考虑发动机定期维护保养;另一方面要考虑随着尾气排放污染防治的要求,未来发动机的排放标准必然升级。采用蓄电池组-电动机动力方案,符合环保要求,不用考虑排放污染问题,只需考虑蓄电池维护保养和回收的问题。

3.1.2　大豆小区播种机驱动力的计算

大豆小区播种机的驱动系统由动力蓄电池组、驱动电机、电机控制器、驱动桥等构成。动力蓄电池组选用多块干电池构成,优点是电池容量大、环保,缺点是质量大。驱动电机选用交流永磁同步电机,优点是转矩大、效率高、体积小、过载能力强。

电动播种机驱动系统传动流程见图 3-1。

3.1.2.1　额定牵引力

大豆小区播种机的典型工况是三个开沟器全部工作状态下的匀速播种作业。由于大豆小区播种机播种作业长时间位于行走速度较低工况,因此空气阻力的影响很小,此处忽略不计。总的牵引力平衡方程式为:

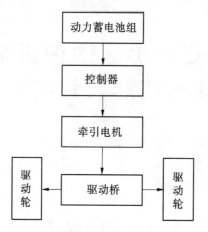

图 3-1　电动播种机驱动系统传动流程图

$$F_{\mathrm{T}} = F_{\mathrm{f}} + F_{\mathrm{k}} \tag{3-1}$$

式中　F_{T}——牵引力,N;

　　　　F_{f}——滚动阻力,N;

　　　　F_{k}——开沟阻力,N。

　　F_{f} 的计算公式为:

$$F_{\mathrm{f}} = fG \tag{3-2}$$

式中　f——滚动阻力系数;

　　　　G——整车最大装备质量,kg。

　　F_{k} 的计算公式为:

$$F_{\mathrm{k}} = nb_1 h_{\mathrm{k}} k \tag{3-3}$$

式中　n——开沟器个数;

　　　　b_1——单个开沟器截面宽度,m;

　　　　h_{k}——播深,m;

　　　　k——土壤比阻。

　　考虑到小区作业时土壤环境的变化、车速的变化等所导致的阻力变化因素,应该放大牵引力至 1.1~1.3 倍,即大豆小区播种机额定牵引力 F_{T}' 为:

$$F_{\mathrm{T}}' = (1.1 \sim 1.3) F_{\mathrm{T}} \tag{3-4}$$

3.1.2.2　驱动电机功率

　　大豆小区播种机的驱动力由交流永磁同步驱动电机提供,该驱动电机具有低速时转矩恒定、高速时功率恒定的特点。电机的驱动效率与滑转效率、机械传动效率、滚动效率及电机和控制器效率的系数有关,即

$$\eta_{\mathrm{q}} = \eta_{\mathrm{mc}} \eta_{\mathrm{T}} \eta_{\delta} \eta_{\mathrm{f}} \tag{3-5}$$

$$\eta_{\mathrm{f}} = F_{\mathrm{T}} / F_{\mathrm{q}} \tag{3-6}$$

式中　η_{mc}——电机和控制器效率;

　　　　η_{T}——机械传动效率;

　　　　η_{δ}——滑转效率;

η_f——滚动效率。

大豆小区播种机驱动电机功率应满足：

$$P_q \geqslant \frac{F'_T v_T}{3\,600\eta_q} \tag{3-7}$$

式中　P_q——驱动电机的额定功率，kW；

　　　　v_T——大豆小区播种机播种作业速度，km/h；

　　　　η_q——大豆小区播种机的驱动效率。

3.1.2.3　工作挡位的设计

由于大豆小区播种机采用电动机驱动，而电机的调速范围比较宽，为了操作方便，将大豆小区播种机的速度设为三挡：工作挡、行进挡和倒挡。大豆小区播种机的倒车作业，可以采用驱动电机的反转实现；工作挡为播种机进行小区播种时的挡位，此时，电机转速在低速范围内，输出扭矩大；行进挡为播种机不进行小区播种，在较硬路面行走时的挡位，此时，电机转速在较高速范围内，输出转速高、扭矩小。

3.1.2.4　电池组的设计

动力蓄电池组作为电动小区播种机上的动力源和储能设备，应同时满足两个方面的条件，即单位最大输出功率和各耗能部件总能量需求。动力蓄电池组的电池数目 m 取 m_1 和 m_2 的较大值[154-156]。

$$m_1 \geqslant \frac{P'_q}{P_b \eta_{mc}} \tag{3-8}$$

式中　m_1——按最大功率需求计算所需的电池个数；

　　　　P'_q——牵引电机的最大功率，kW；

　　　　P_b——单个蓄电池的最大输出功率，kW。

$$m_2 \geqslant \frac{(P'_q + P_1) T_N}{P_b} \tag{3-9}$$

式中　m_2——按各耗能部件总能量需求计算所需的电池个数；

　　　　P_1——耗能电器件功率，kW；

　　　　T_N——额定作业时间，h，一般定为 8 h。

3.1.2.5　参数计算及分析

大豆小区播种机配套开沟装置为三行箭铲式开沟器，开沟深度为 5 cm，单个开沟器截面宽度为 10 cm，土壤比阻取 5 N/cm²，滚动阻力系数取 0.3；整车最大装备质量取 450 kg。根据式(3-1)~式(3-4)计算可得牵引力 $F_T = 2\,823$ N，则 $F'_T = 3\,105.3 \sim 3\,669.9$ N。综合考虑，选取额定牵引力为 3 670 N。根据式(3-5)~式(3-9)计算得到的结果如表 3-1 所示。

小区播种机的牵引特性是评估其驱动系统性能的重要参考。图 3-2 是小区播种机牵引力与行驶速度的关系曲线。当电动小区播种机负荷最大，在工作挡进行播种任务时，最大牵引力为 3 670 N，车速为 1.8 km/h；当电动小区播种机在中等负荷下进行播种任务时，最大牵引力下的车速为 3 km/h；当电动小区播种机在零负载下高速挡行进时，最大牵引力下的速度为 5 km/h。经过分析，不同工况下牵引力和运行速度都符合电动小区播种机的播种任务要求，并且在相同工况下，牵引电动机的工作特性得到完全利用：低速范围内转矩恒定和高速范围内功率恒定。

表 3-1　驱动系统参数

系统部件	参数	数值
小区播种机	最大质量(kg)	450
	额定驱动力(N)	3 670
	额定作业时间(h)	8
驱动电机	额定功率(kW)	5
	额定转速(r/min)	3 000
	额定转矩(N·m)	16
	额定电压(V)	72
控制器	额定电压(V)	72
	输出电流(A)	120
	输出功率(kW)	21
	额定容量(A·h)	100
电池组	电池组数	6

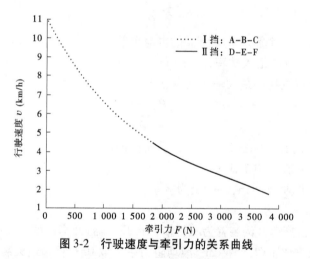

图 3-2　行驶速度与牵引力的关系曲线

图 3-3 为电动小区播种机的牵引功率与牵引力的关系曲线。由于驱动电机具有低速范围内转矩恒定、高速范围内功率恒定的特性,并且驱动电机具有较宽的转速范围,因此其转速能够迅速提高。电动小区播种机牵引力的特性是先保持一个固定值,然后逐渐减小;牵引功率则是先增大后减小。以工作挡下的牵引力为例,当牵引电机转速低于额定转速时,牵引力保持 2 823 N 左右不变,牵引功率随着小区播种机速度的增加呈线性上升。电动小区播种机牵引功率的最大值为 5 kW,驱动电机转速逐渐达到峰值的过程中,由于工作挡传动比的限制,使其车轮转矩逐渐增大过程中,提前到达滑转临界点,即电机功率最大时,牵引力没有最大,随着牵引力的继续增大,车轮滑移率开始增大,滑移现象明显增多。

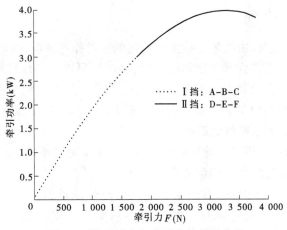

图 3-3　牵引功率与牵引力的关系曲线

　　每次充电完成后,电动小区播种机连续播种作业的时长是重要的性能评价指标。图 3-4 为电动小区播种机连续播种作业时长与负荷率和行驶速度之间的关系。在相同的负荷率下,连续播种作业时长随着车速的变大而变短;在不同的负荷率下,最短的连续播种作业时长已经达到了额定作业时间 8 h 的预期目标。

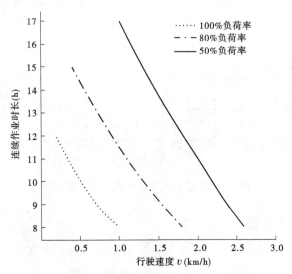

图 3-4　连续作业时长与负荷率、行驶速度的关系曲线

3.2　整机控制系统的设计

　　大豆小区播种机的整机控制系统要求操作简便、控制精准,控制子系统模块化设计。自动送种系统、自动播种系统、自动清种系统,三个子系统相互独立又相互合作,逻辑清晰,完成整机的小区播种功能。本节以整机的控制系统为研究对象,研究其整体的控制方案设计。

3.2.1 步进电机的控制

电控排种系统作业时,由编码器检测播种机的实时作业速度,由可编程控制器(PLC)根据株距计算公式,计算得到排种器理论转速;通过编码器采集排种器实时转速,采用模糊控制策略,通过遗传算法对 PID 参数进行优化[157-165],从而得到排种器最佳转速,然后调节控制器输出相应的 PWM 占空比,进而达到调节电机转速、提高排种精度的目标。

3.2.1.1 步进电机调速系统传递函数

步进电机的传递函数模型及计算同第 2 章 2.2.2.2 部分所述。

3.2.1.2 基于遗传算法的 PID 控制器参数优化

遗传算法(Genetic Algorithm,GA)是一种基于自然选择和自然遗传机制原理的迭代自适应概率性搜索方法。通过 Matlab 中的 Ziegler-Nichols 程序可得到系统传递函数根轨迹图形,如图 3-5 所示。

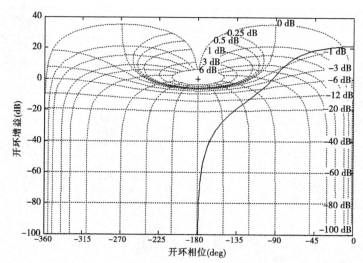

图 3-5 步进电机传递函数根轨迹图形

一般 PID 调节器的离散表达式如下:

$$u(k) = K_P e(k) + K_I T \sum e(j) + K_D \Delta e(k)/T \qquad (3-10)$$

式中,T 为采样周期,$e(k)$、$\Delta e(k)$ 是输入量,且是已知量;K_P、K_I、K_D 是未知量,且

$$K_I = \frac{K_P}{T_I}; K_D = K_P T_D \qquad (3-11)$$

式中 T_I——积分时间常数;

T_D——微分时间常数。

在一般系统中,K_I、K_D、K_P 需要通过实用工程方法整定。根据电机传递函数根轨迹图形,在根轨迹上找到穿越 $j\omega$ 轴的点,得到传递函数的开环增益 $Z_m = 17.8$ dB,穿越频率 $W_m = 85.6$ Hz,由 PID 整定公式得:$K_P = 10.68, K_I = 291.001, K_D = 0.098$,将上述三个参数代入 Matlab Simulink 模型中,得到仿真结果如图 2-3 所示。由仿真结果可以看出,Ziegler-

Nichols 阶跃响应法整定的 PID 参数总体上是稳定的,但是超调量大,因此需要优化 PID 参数。本书采用遗传算法用于优化整定 PID 参数。

由 Ziegler-Nichols 阶跃响应法整定的 PID 参数确定遗传算法中 PID 参数的取值范围,K_P 为 $[0,1]$,K_I 为 $[0,20]$,K_D 为 $[0,1]$,采用二进制编码方式对上述三个参数进行编码。为了避免超调,采用惩罚功能,最优指标函数选为

$$J = \int_0^\infty [w_1|e(t)| + w_2u^2(t) + w_4|e_y(t)|]dt + w_3t_u \quad [e_y(t)] < 0 \quad (3\text{-}12)$$

式中　w_1、w_2、w_3、w_4——权重值,并且 $w_4 \gg w_1$;

　　　$e(t)$——系统误差;

　　　$u(t)$——控制器输出;

　　　$e_y(t)$——两次采样时间间隔系统输出误差;

　　　t_u——上升时间。

建立控制系统的 Simulink 模型,本次设计中,遗传算法各参数取值为:$w_1 = 0.999$,$w_2 = 0.1$,$w_3 = 1.0$,$w_4 = 100$,种群规模 $N = 30$,交叉概率 $P_c = 0.8$,变异概率 $P_m = 0.3$。经过 100 代进化后,可得优化参数为:$K_P = 1.073\ 8$,$K_I = 2.927\ 2$,$K_D = 0.000\ 7$,$J^{-1} = 236.29$。代价函数 J 的优化过程如图 3-6 所示。将整定后 PID 参数代入 Simulink 模型中进行仿真,可得仿真曲线如图 2-4 所示,系统无超调、无振荡,调节时间为 $t_s = 0.19$ s 。

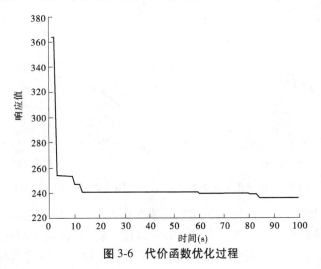

图 3-6　代价函数优化过程

3.2.1.3　步进电机控制系统精准度性能试验

试验材料选用皖豆 28 大豆,试验在武陟县郑州容大科技股份有限公司试验田进行,传感器安装如图 3-7 所示。试验测试用场地长 300 m、宽 150 m,每次测试需要采集平稳作业后的 100 个数据,重复 3 次,结果取平均值。以 0~3 km/h、3~6 km/h、6~9 km/h 三种不同播种作业速度下的排种器理论转速和实时转速为测试对象,比较两者间的差值大小,作为控制精度。常规 PID 控制速度变化曲线及相对误差如图 3-8 和图 3-9 所示。遗传算法 PID 控制速度变化曲线及相对误差如图 3-10 和图 3-11 所示。

观察图 3-8 可得,采用常规 PID 控制测试时,排种轴旋转速度处于 0~40 r/min 范围

图 3-7　排种轴转速检测

内,相应的时速在0~3 km/h阶段时,理论旋转速度与实际旋转速度误差较小,相对误差为1.46%~2.67%;随着播种机播种作业速度的增大,排种器排种轴相应转速也随之增大,理论速度与实际速度之间的误差逐渐增大,速度越高,误差越大,相对误差为2.33%~5.58%。

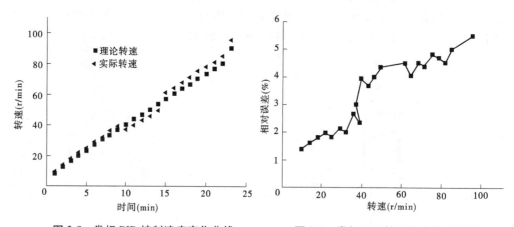

图 3-8　常规 PID 控制速度变化曲线　　　图 3-9　常规 PID 控制速度相对误差

采用遗传算法 PID 控制时(见图3-10),时速在0~9 km/h整体范围内,排种轴相应转速比较平稳,整体误差较小。尤其是0~6 km/h阶段,理论转速与实际转速误差很小,相对误差为0.81%~1.44%。两种控制策略相比,采用遗传算法 PID 控制时的平稳控制范围更大,效果更好。

3.2.2　自动送种系统的控制

3.2.2.1　自动送种控制系统的设计原理

自动送种系统的主要功能是按照科研人员设计的育种方案,在预先设定的小区内为排种器的存种腔内准确、及时地提供预定的待播种子。在进行小区播种作业之前,需要提前将需要播种的试验种子按一定的预播量放置于相应的种杯内,种杯放置于播种圆盘内,播种圆盘设置于排种装置上方。进行播种作业时,播种机具自动行走,进入预设播种区域前,操作人员按下"送种"按钮,自动送种系统工作,将对应的预播种子送入排种装置的存

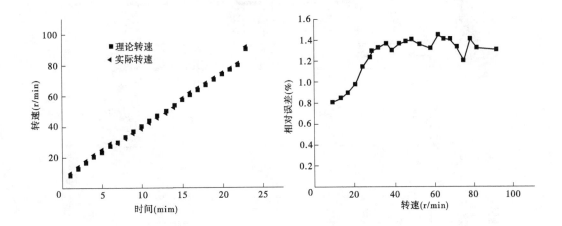

图 3-10　遗传算法 PID 控制速度变化曲线　　　**图 3-11　遗传算法 PID 控制速度相对误差**

种空间内。自动送种系统由步进电机驱动,每送种一次,播种圆盘转过相应的角度。根据大豆小区播种的特点,播种圆盘共设置 12 组种杯,能够完成 12 组小区连续作业,播种圆盘每次转过角度 30°。自动送种控制系统电路图见图 3-12。

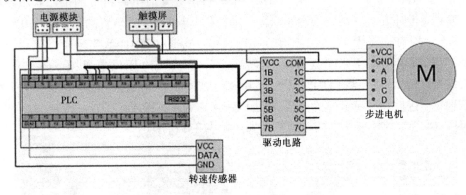

图 3-12　自动送种控制系统电路图

3.2.2.2　自动送种控制系统的软件模块化设计

控制系统软件设计选用 Windows 10 作为开发环境,应用 SAMSOAR Developer 软件进行编程。自动送种装置在实际作业过程中容易受到机具振动等影响,因此在实际控制当中,应该首先考虑上种时间短、上种动作可靠等条件。本研究采用可编程控制器,根据实际工作过程中播种速度的要求,自动调节步进电机驱动器脉冲当量数,从而达到精准送种的目的。

由于本研究选用的可编程控制器为显控 FGs-64MT-A 型,因此在控制程序编写时采用的是 SAMSOAR Developer 软件,主要对可编程控制器的控制部分进行程序编写,支持中英文双版本切换,支持在线监控可编程控制器并且支持定时保存、错误恢复,应用范围广泛。

为缩短主程序长度、减少程序复杂性,针对控制数学模型预先建立函数模块以供主程序调用。如图 3-13 所示是自动送种控制系统程序的函数模块图。

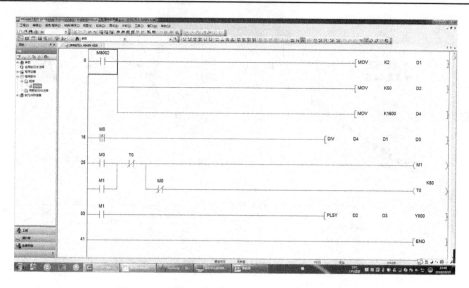

图 3-13　自动送种控制系统程序的函数模块图

3.2.2.3　自动送种系统控制界面设计

小区播种机在实际工作过程中,操作技术人员需要实时了解机具的工作状态及作业参数,因此在设计方案时需要增加显示器作为载体,将自动送种装置的相关参数在该显示屏上显示出来,便于技术人员操作。该系统选用显控 SK-070AE 型 7 英寸(1 英寸＝2.54 cm)显示屏,采用 4 线高精度电阻触摸控制板,24 V 直流电压供电,设有通信口 COM1(RS232、RS422、RS485)和 COM2(RS232、RS422、RS485)2 个通信口、USB Device 下载口和 USB Host 接口。该显示屏为触摸屏,可以用来作为输入终端。

图 3-14 所示的控制指令端口的写入地址如表 3-2 所示。

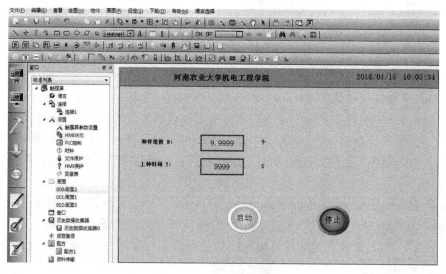

图 3-14　人机交互工作界面

表 3-2　人机交换触摸屏控制指令写入地址

项目	写入地址	监视地址
种杯组数	D2	
上种时间	D3	
细分脉冲当量	D4	
程序启动	M1	M11
程序停止	M0	M11

3.2.3　自动排种系统的控制

3.2.3.1　自动排种控制系统的设计原理

为了实现大豆种子在小区内精量粒播,不仅需要播种机在走完小区长度后种子尽量播完,而且还要求小区内所播种子的株距均匀且符合要求。因此,在设计数学模型时考虑以保证株距不变为基础,要求排种器驱动步进电机的转速始终能够与播种机行进速度匹配。点开播种控制开关,播种机开始行进,车速传感器检测到行进速度,将其传递给可编程控制器,可编程控制器根据数学模型执行数据处理后,控制器将数字信号发送到电机驱动器,电机驱动器将数字信号转换为脉冲量,步进电机按照脉冲量精准转动,使得大豆种子株距 L 恒定。自动排种系统控制电路图与自动送种系统控制电路图相似(见图 3-15),此处不再重述。

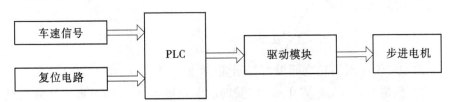

图 3-15　控制系统设计原理图

3.2.3.2　自动排种控制系统的结构设计

自动排种控制系统的主要工作组件包括可编程控制器、车速传感器、步进电机驱动器、步进电机、触摸屏显示器、24 V 电源等。控制系统第一次工作时,技术人员需要在触摸屏上先设置株距长度、驱动器的细分脉冲当量、排种器周粒数、速度检测编码轮的直径、修正系数等信息,如图 3-16 所示。之后,技术人员点击"启动",控制系统工作开始。此时,只要小区播种机的速度发生变化,速度传感器就会检测到小区播种机速度的变化。步进电机输出轴的速度随之变化,从而带动排种轴速度的变化。理想工作状态下,因为步进电机是按照驱动器的脉冲信号进行转动的,因而每个脉冲所控制的步进角是精准的,所以排种器所转动的量是精准的。采用触摸屏显示器等电气设备,降低了技术人员的劳动强度,提高了播种试验的准确性和工作效率。

3.2.3.3　自动排种控制系统数学模型的建立

控制系统的数学模型建立同第 2 章 2.2.2.2 部分所述。

考虑到试验台在实际工作中,面临皮带与检测编码轮之间的摩擦,所以对式(2-12)进

图 3-16　控制面板信息

行修正。由于皮带与编码轮之间的摩擦属于动摩擦,采用 Poiré 和 Bochet[166-167]研究的动摩擦系数公式:

$$\mu_k = \mu_s \frac{1}{1 + 0.03/v_r} \tag{3-13}$$

式中　μ_k——动摩擦系数;

　　　μ_s——静摩擦系数;

　　　v_r——接触面间的相对速度,m/s。

据此,式(3-13)可以修正为:

$$L = A \frac{v_1}{X} \mu_k = A \frac{v_1}{X(1 + 0.03v_1)} \alpha \tag{3-14}$$

在本试验中皮带与编码轮之间没有蠕滑量,v_r 近似等于 v_1,由于编码轮采用尼龙材料,且接触面有润滑油,所以 μ_s 取 0.42,试验的误差系数为 α。由此,可以计算出整个模型的误差系数 α。根据此数学模型,可以完成对控制软件的编写。

3.2.3.4　自动排种控制系统的电路设计

该排种装置以可编程控制器为核心部件,通过人机交换触摸屏输入的方式设定排种器型孔轮的周粒数 n、修正系数和所需播种株距,播种机进入工作状态后速度传感器将播种机前进速度数据采集一方面传输至人机交换面板后呈现至显示屏,另一方面传输至可编程控制器,可编程控制器通过设定程序进行处理后通过调节步进电机驱动器输出脉冲来改变步进电机输出轴转速,步进电机的输出轴控制排种器播种轴转速的相应变化,以达到控制株距无级调节的目的。依照上述各电气元件工作原理得到如图 3-17 所示的电控排种装置硬件系统总体电路设计图。

3.2.3.5　自动排种控制系统硬件设计

自动排种控制系统的硬件部分主要由人机交互界面、信号采集组件、电机驱动组件、控制集成、执行排种组件等构成。人机交互界面采用显控(Samkoom)PLC 及触摸屏套件;电源组采用 72 V 蓄电池提供电压供控制系统使用;排种器排种轴用步进电机输出轴带动;采用 ZNZS-6E1R-M485 型编码器。硬件配置如表 3-3 所示。

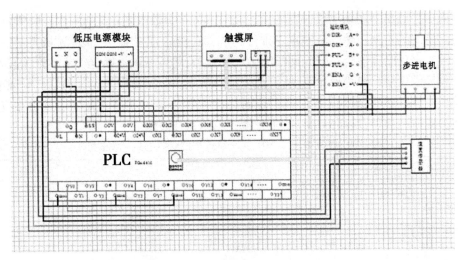

图 3-17　硬件系统总体电路设计图

表 3-3　控制系统硬件配置

设备名称	规格型号
步进电机	57BYG101
步进电机驱动器	两相混合式 DM542
触摸屏显示器	SK-070FE
PLC	FGs-64M
编码器	ZNZS-6E1R-M485

1. 可编程控制器的选型

可编程控制器是专为工业系统数字操作而设计的电子设备。因此,电控排种单元采用可编程控制器控制装置,可以通过输入面板实时监测机具作业速度,通过设定的株距来自动调节步进电机的脉冲当量,从而达到精准排种的目的。目前,我国广泛使用的可编程控制器主要为进口品牌,其质量相对稳定,工业工程上广泛使用,但是价格高,综合成本和功能两方面,本研究设计根据实际需要选择了国产显控 FGs-64M 型。

显控 FGs-64M 型可编程控制器具有编程简单、实时性较好、兼容性较好、功能强大等优点且性能稳定,价格便宜。如表 3-4 中主要技术参数所示,该型号可编程控制器采用 AC 电源、DC 输入型电源作为传感器的辅助电源,而且具有丰富的扩展设备。本研究选用具有继电器输出形式的可编程控制器,负载电路的电压是 24 V 直流电压。如果有输出信号,则光电耦合器接通,继电器有输出信号,输出电路接合,负载开始工作。

2. 传感器的选择与配型

速度检测系统由传感器、转换电路、执行机构、显示装置等构成。传感器是整个速度检测系统的重要组成部分。本研究中使用的传感器是一种可将检测信号或数据变换为能够通信、传送和储存的编码器。

本研究使用的 ZNZS-6E1R-M485 型编码器带有 485 通信口,可以设定脉冲当量,并带有停机报警输出和运动上线报警输出功能。其工作参数如表 3-5 所示。实验室台架试验阶段将该编码器配合编码轮固定于排种器试验台传送带端部,用于监测和测定替代机具前进的皮带旋转速度。进行田间实际生产作业时,将该编码器固定于从动轮轮毂处,由于设计小区电动播种机为后轮驱动,因此当播种机在实际工作中遇到驱动轮打滑现象时,从动轮没有实际转速,编码器检测到的实时速度为零,此时可编程控制器会给出相应信号暂停此位置连续播种,从而避免了由于打滑造成的重播现象。

表 3-4　显控 FGs-64MR-A 型可编程控制器主要技术参数

项目		范围
硬件结构	外观尺寸(mm×mm×mm)	216×92×80
	质量(g)	831
输入	数字输入	32
	输入信号电压	24 V DC±10%
	SINK/SRCE 输入接线	借由内部共点端子 S/S 及外部共线的接线来变换
输出	输出类型	继电器
	输出电压	<250 V AC,6~30 V DC
	数字输出	32
接口	USB 设备口	支持下载,在线监视
	RS232	1 个,支持下载、监视;串口通信 波特率:4 800~115 200 B/s
	RS485	1 个,支持串口通信;波特率:4 800~115 200 B/s
负载	最大感应负载	80 VA
	最大电阻负载	1.2 A/1 点
计数	AB 相计数	1 路分别最高 150 kHz
	高速计数	2 路分别最高 150 kHz
电源/功耗	供电电源	100 ~240 V AC
	功耗	6.8 W
环境	工作环境温度	密闭:5~40 ℃;开放:5~55 ℃
	工作环境湿度	5%~95%RH
	防震度	10~25 Hz(XYZ 方向 2G/30 min)
编程软件	编程软件	SAMSOAR Developer

3.2.3.6　自动排种控制系统软件设计

控制系统软件设计选用 Windows 10 作为开发环境,应用 SAMSOAR Developer 软件进行编程。播种机作业速度在工作过程中易受到耕地环境和机手操作的影响,在实际作业过程中速度难以保持恒定,从而影响播种效果。考虑到播种机实际作业过程中速度时刻变化对播种效果的影响,本研究采用可编程控制器和速度传感器,根据实际工作过程中速度的变化自动调节步进电机发出的脉冲当量,从而达到株距恒定的目的。

表 3-5　ZNZS-6E1R-M485 型编码器工作参数

项目类型	单位	技术参数
外形尺寸	mm×mm×mm	48×96×75
开孔尺寸	mm	45×92
输入电压	V	220 V AC
输出电压	V	12 V DC
转速范围	r/min	-99 999～999 999
可做运算	脉冲当量	0.001～9 999
设定类型	n/min mm/s	转速表 线速度表

由于本研究选用的可编程控制器为显控 FGs-64MR-A 型,因此在控制程序编写时采用的是 SAMSOAR Developer 编辑软件。主要对可编程控制器的控制部分进行程序编写,支持中英文双版本切换,支持在线监控可编程控制器并且支持定时保存、错误恢复,具有广泛的应用。

主程序的主要任务是完成可编程控制器控制系统初始化,并依照农机具的实时作业状况协调并完成各模块的正常运行,保证全部程序的有序执行,是所有程序的最主要部分。按照整个播种过程设计了如图 3-18 所示的流程图。主要包括以下几个方面:

(1)对可编程控制器、人机交换界面等各个元部件进行系统初始化,为播种控制系统做好准备工作。

(2)收集由编码轮和编码器采集到的数据,然后调用信号采集以及信号处理的运算子程序,通过计算和分析得出驱动电机的输出转速。

(3)调用子程序实时显示播种作业参数:传送带速度 v、细分脉冲当量 x、修正系数 u 和设置株距 L 等。

为缩短主程序长度,减少程序复杂性,针对上述数学模型预先建立函数功能模块以供主程序调用。函数功能主要包括两方面,一方面是脉冲当量控制的功能,另一方面是速度信息采集的功能。其函数模块的编写如图 3-19、图 3-20 所示。

3.2.3.7　自动排种控制系统人机交换界面设计

小区播种机在实际使用过程中,技术人员需要根据不同的育种要求调节播种株距,了解机具作业参数。因此,需要在显示屏上将机具作业速度、株距、排种器轴转速等数据呈现出来,便于技术人员了解和操作。由于人机交换模块仍然是在显控 SK-700 触摸显示屏上完成的,因此设计触摸屏界面采用的是与之配套的 SK Workshop 进行编写。该系统主要以图 3-21 所示界面为该自动排种系统的工作界面。

图 3-21 所示的控制指令端口的写入地址如表 3-6 所示。

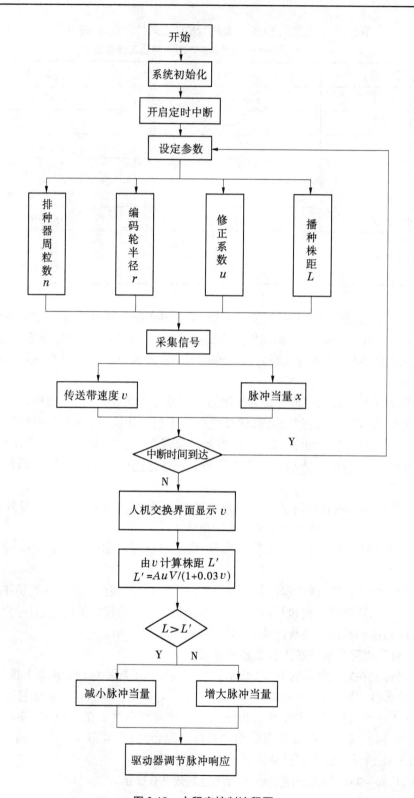

图 3-18　主程序控制流程图

```
1  /*******************
2  FunctionName:sendpulse
3  Version:
4  Author:
5  time:2017-04-19 19:31:09 周三
6  *******************/
7  void sendpulse(WORD W, BIT B)
8  {
9  float l,v,u,k=2.0;//f=细分脉冲当量，l=株距，x=输出脉冲数量，n=播种粒数，v=皮带转速，u=修正系数
10 int f,n,x;
11 f=DW[0];
12 l=FW[1];
13 n=DW[2];
14 v=FW[3];
15 u=FW[4];
16 x=((float)f*v*u*k)/(l*(float)n);
17 DW[5]=(int)x;
18 }
```

图 3-19　脉冲当量控制程序模块图

```
1  /*******************
2  FunctionName:speed
3  Version:
4  Author:
5  time:2017-04-19 22:26:35 周三
6  *******************/
7  void speed(WORD W, BIT B)
8  {
9  float a,b,c=6.28,e=600.0,f=5.0;
10 int d;
11 a=FW[0];
12 d=DW[1];
13 b=((float)d/e)*c*a*f;
14 FW[2]=b;
```

图 3-20　速度信息采集程序模块图

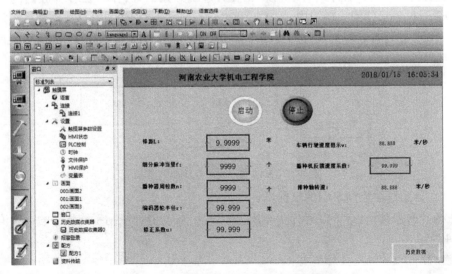

图 3-21　自动排种控制人机交互工作界面

表 3-6　　人机交互触摸屏控制指令写入地址表

项目	写入地址	监视地址
株距	D6002	
细分脉冲当量	D6000	
排种轮周粒数	D6004	
编码器轮半径	D6020	
修正系数	D6008	
车辆行驶速度	D6050	
排种轴转速	D102	
播种机反馈速度系数	D101	
程序启动	M20	M10
程序停止	M21	M10

3.2.4　自动清种系统的控制

3.2.4.1　自动清种控制系统的设计原理

自动清种装置的主要目的是控制电力风机的开机时长和停止时刻。工作人员按下"清种"按钮,启动清种程序时,风机接通电源,系统开始清种,排种器存种腔内的种子通过清种管道被吸拾到回收料箱内,风机打开时间达到预先设定的时长后,控制系统程序关闭开关,清种电机通电停止,清种完成。其总体方案如图 3-22 所示,电路如图 3-23 所示。

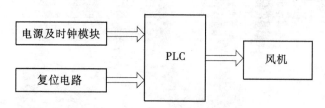

图 3-22　自动清种控制系统总体方案

3.2.4.2　自动清种控制系统的软件设计

主函数的编写中,要考虑清种功能按键的设计,自动清种控制系统软件的设计流程如图 3-24 所示。

控制软件设计的主要环节有:

(1)自检。

(2)初始化。

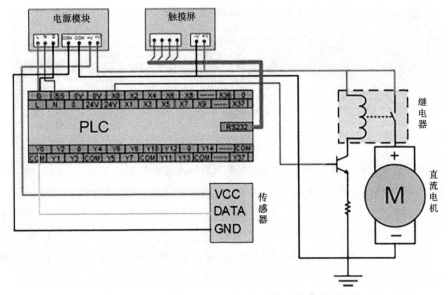

图 3-23　自动清种控制系统电路图

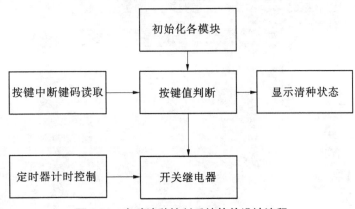

图 3-24　自动清种控制系统软件设计流程

（3）信号采集。

（4）数据显示。

自动清种控制系统软件设计选用 Windows 10 作为开发环境,应用 SAMSOAR Developer 软件进行编程。清种工作核心设计在于清种工作时间长短的设计,清种工作时间太短,不能有效清除排种器中的残留种子,影响下一小区播种的准确性;清种工作时间过长,则消耗过多电能,影响整机的有效工作时间。因此,设计清种程序时,要预先做充分的试验,以设定该工作时长。

为缩短主程序长度,减少程序复杂性,针对上述数学模型预先建立函数模块以供主程序调用。自动清种控制系统程序函数模块如图 3-25 所示。

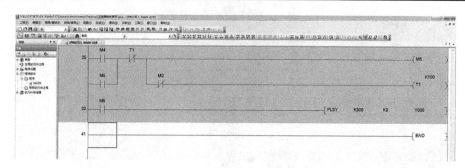

图 3-25　自动清种控制系统程序函数模块图

3.2.4.3　自动清种系统控制界面设计

小区播种机在实际使用过程中,在触摸屏上进行数据的输入与读取,有利于技术人员快速进行清除残留种子作业的任务。由于人机交互模块仍然在显控 SK-700 触摸显示屏上完成,因此在设计触摸屏界面采用的是与之配套的 SK Workshop 进行编写。该系统工作界面如图 3-26 所示。

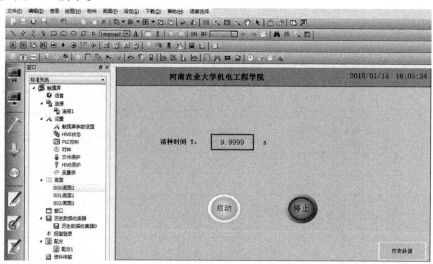

图 3-26　自动清种系统人机交互界面

图 3-26 的控制指令端口的写入地址如表 3-7 所示。

表 3-7　人机交互触摸屏控制指令写入地址

项目	写入地址	监视地址
上种时间	M5	M5
程序启停	M4	M4

将自动送种系统、排种系统、清种系统的电路进行优化整合,得到整机控制系统电路如图 3-27 所示。

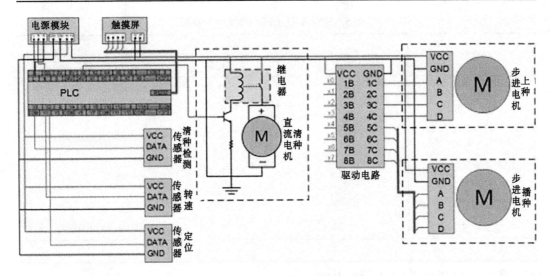

图 3-27　整机控制系统电路图

3.3　开沟系统的设计与分析

小区播种机开沟装置是预播种子入土的最后一个装置,是决定播种深度是否合格的重要装置,也是消耗整车动力的主要装置。本节主要研究大豆小区播种机的电控调节开沟器播深装置的设计;研究在一定行驶条件下,开沟装置的结构在开沟环节的载荷变化,选择适合大豆播种的开沟装置。

3.3.1　开沟装置的结构与工作过程

3.3.1.1　电推杆调节播深开沟装置结构

开沟装置主要由箭铲式开沟器、固定装置和电推杆调节装置构成。开沟器由固定支架固定在播种机的机架上,开沟器在水平方向运动的力来自自走式播种机的驱动力,开沟器在垂直方向的高度调整,取决于电推杆的伸出、收缩尺寸。本书研究设计的电推杆调节播深开沟装置能够一次完成三行开沟作业任务。电推杆调节播深开沟装置结构如图 3-28 所示。

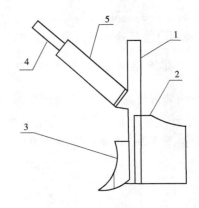

1—开沟器;2—开沟器侧翼;3—开沟器刀头;
4—电推杆头部;5—电推杆底部

图 3-28　电推杆调节播深开沟装置结构图

3.3.1.2　土壤特性参数

研究播种机的土壤推动力、滚动阻力,需要先了解播种机作业环境的土壤条件。三种常见土壤的相关性能参数[168]如表 3-8 所示。

表3-8　三种常见土壤的相关性能参数

参数	数值		
	干沙	沙壤土	黏土
土壤黏聚系数 c(kPa)	0.47	0.70	0.50
土壤内摩擦角 φ(°)	0.69	1.70	1.14
土壤黏聚变形模数 $K_c[\mathrm{N \cdot m}^{-(n+1)}]$	33.30	29.00	13.00
土壤摩擦变形模数 $K_\varphi[\mathrm{N \cdot m}^{-(n+2)}]$	50.94	5.30	13.20
土壤剪切变形模数 K(m)	250.67	1 515.00	692.20
沉陷指数 n	0.04	0.03	0.01

3.3.2　开沟装置的设计与分析

3.3.2.1　开沟器

箭铲式开沟器的前刀承担了整个开沟装置的开沟任务,因此要求其材料耐磨损、耐腐蚀、不易吸附、高硬度等,通常采用65Mn钢。开沟器的支撑杆通常与排种器下方的导种管连接,支撑杆下方与开沟器两边的护板构成导种空间。大豆播深通常在 5 cm 左右,单个开沟器,入土角度30°,入土隙角5°,入土深度 5 cm,平均工作阻力约为 34 N。

3.3.2.2　开沟器播深调节装置的选取

该装置工作组件包括控制器、电推杆总成和固定支架等。相较于传统机械式调节装置,该装置减少了工作部件,节省了安装空间,提高了工作效率。该装置能够有效调整开沟器距离地面的高度,调整开沟器的入土深度并保持位置相对固定。通过控制器的开、关功能,控制电推杆的相对自由行程的大小,从而实现上述功能。

3.3.3　开沟装置的动力学分析

开沟装置局部受力分析如图 3-29 所示。假设大豆小区播种机处于匀速行进工作状态,整个开沟装置上所受到的力是平衡的,此时开沟阻力与装置支撑力平衡。

根据图 3-29,电推杆连接处的受力分析方程为:

$$\sum X = 0 \quad F_{Ax} + F_{Bx} + F_{Cx} + F_{Dx} = 0 \tag{3-15}$$

$$\sum Y = 0 \quad F_{Ay} + F_{By} + F_{Cy} + F_{Dy} = 0 \tag{3-16}$$

$$\sum M(C) = 0 \quad F_{Ax}(l_3 + l_4) + F_{Bx}l_3 + F_{Dx}l_3 + F_{Ay}(l_1 + l_2) + F_{By}l_2 + F_{Dy}(l_2 + l_5) = 0 \tag{3-17}$$

$$\sum M(D) = 0 \quad F_{Ax}l_4 + F_{Bx}l_3 + F_{Cx}l_3 + F_{Ay}(l_1 + l_2 + l_5) + F_{By}(l_2 + l_5) + F_{Cy}l_5 = 0 \tag{3-18}$$

根据图 3-29,开沟器刀尖处的受力分析方程为:

$$\sum X = 0 \quad F_{Ax} + F_{Bx} = 0 \tag{3-19}$$

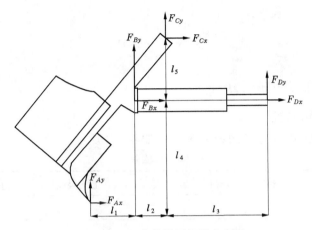

图 3-29　开沟装置局部受力分析

$$\sum Y = 0 \quad F_{Ay} + F_{By} = 0 \tag{3-20}$$

$$\sum M(A) = 0 \quad F_{Bx}(l_3 + l_4) = 0 \tag{3-21}$$

$$\sum M(B) = 0 \quad F_{Ax}(l_1 + l_2 + l_5) = 0 \tag{3-22}$$

实际工作中,开沟装置的工作环境较差,开沟装置受力载荷可能过大,相对于水平位置产生小幅度的偏离。设开沟器拉杆偏离水平位置的角度为 α,推杆刚度为 k,取开沟装置水平平衡位置势能为零,根据能量守恒定律可得:

$$Pl = F_s b = k\alpha_s b \tag{3-23}$$

式中　α_s——水平位置推杆静形变;

　　　F_s——推杆压力,N;

　　　b——推杆长度,cm。

以开沟器与车架固定点为坐标原点,当开沟装置由平衡位置转过角度 α 时,对应开沟器的势能为:

$$V_P = Pl\alpha = m_{开} gl\alpha_s \tag{3-24}$$

弹性力 F 的势能:

$$V_F = \left(-\frac{1}{2}k\alpha_s^2\right) - \left[-\frac{1}{2}k(\alpha_s - b\alpha)^2\right] = \frac{1}{2}k\left[(\alpha_s - b\alpha)^2 - \alpha_s^2\right] \tag{3-25}$$

开沟装置总势能为:

$$V = V_P + V_F = \frac{1}{2}kb^2\alpha^2 \tag{3-26}$$

开沟器的动能为:

$$T = \frac{1}{2}J\dot{\alpha}^2 = \frac{1}{2}m\rho^2\dot{\alpha}^2 \tag{3-27}$$

开沟器的机械能为:

$$E = \frac{1}{2}kb^2\alpha^2 + \frac{1}{2}m\rho^2\dot{\alpha}^2 \tag{3-28}$$

开沟器的运动学方程为：

$$\ddot{\alpha}^2 + \frac{kb^2}{m\rho^2}\alpha = 0 \tag{3-29}$$

3.3.4 开沟装置力学性能分析

3.3.4.1 试验条件及方法

本试验在土槽内进行，检测小区试验条件如表 3-9 所示。

表 3-9 试验条件

小区长度（m）	作业速度（m/s）	土壤类型	土壤湿度（%）	土壤硬度（kg/cm²）
10	0.5	壤土	15.5	1.2

根据对开沟系统所做的动力学分析，取开沟器支撑杆中间位置作为拉伸传感器的安装位置，以单个箭铲式开沟器为一组测试对象，选取入土角度分别为 25°、30°、35°、40°，通过数据记录仪对测试结果进行采集存储。试验测试 3 次，每次数据采集时长为 20 s，有效工作时长取中间 15 s。

3.3.4.2 数据采集结果与分析

箭铲式开沟器组在不同的入土角度，相同工作条件下，拉力载荷采集结果如图 3-30 所示。拉力载荷的平均值分别为 32.12 N、41.93 N、57.82 N、71.14 N。

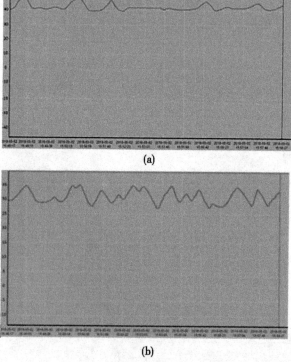

(a)

(b)

图 3-30 拉力载荷数据采集结果

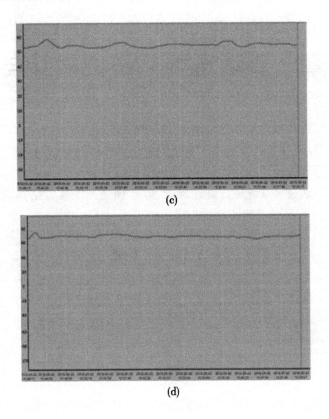

(c)

(d)

续图 3-30

通过分析工作载荷数据采集结果可得,随着开沟器箭头入土角度的增加,拉力载荷随之变大。

3.4　本章小结

(1)设计了电动小区播种机驱动系统方案,经过计算和分析,该电动小区播种机每次充电后连续播种作业的时长达到了预期设计目标,能够满足正常作业需求。

(2)通过对自动送种、自动排种、自动清种的控制原理进行分析,设计了各系统的控制程序及电路,后期运行结果表明,各控制系统不仅操作方便、工作稳定、运行可靠,而且送种及时、精准,播种质量高,清种效果好。

(3)本章对所选的箭铲式开沟器及其开沟系统在作业过程中的动力学特性进行了分析,并进行了土槽试验,获得了载荷试验数据。通过数据分析可得,随着入土角度的增大,拉力载荷逐渐增大。

第4章　自动送种系统的设计与分析

电动小区播种机在每个小区进行播种工作的过程是自动送种—智能播种—自动清种三个重要环节的循环。因此,自动送种系统的工作是小区播种机播种任务的开始,自动送种系统装置设计得是否合理,影响到小区播种机后续播种环节完成质量的好坏。本章对大豆小区播种机自动送种系统进行设计分析,以实现该系统装置结构合理、投种准确、送种量大的特点。

4.1　自动送种系统的设计要求

根据大豆小区播种机的设计和应用,自动送种系统应具有以下特点:
(1)结构简单,省时高效。
(2)送种及时,投种准确。
(3)送、投种过程中种子无遗漏、无损伤。
(4)系统工作稳定,性能可靠。

4.2　自动送种系统的理论分析

自动送种系统的设计主要解决两个问题:一个是能够尽量多地安装种杯,以满足多小区不同种类种子的播种,不用频繁换种;另一个是种杯在运动过程中,能够及时打开漏种口,将种子送至排种器内。

通过探讨行星轮周转轮系理论,提出了转盘式送种装置的方案。具体讨论详见第2章2.2.1部分所述。

4.3　自动送种系统的工作原理和结构设计

自动送种系统的主要功能是根据科研育种人员的方案设计,在预先设定的小区内将种杯内待播种子准确及时地输送到排种器的存种腔内。在进行小区播种作业之前,需要提前将需要播种的试验种子按一定的预播量放置于相应的种杯内,种杯放置于播种圆盘内,播种圆盘设置于排种装置上方。进行播种作业时,播种机具自动行走,进入预设播种区域前,操作人员按下"送种"按钮,自动送种系统工作,将对应的预播种子送入排种装置的存种空间内。

自动送种系统工作原理如图4-1所示。自动送种系统由步进电机驱动,每送种一次,播种圆盘转过相应的角度。根据大豆小区播种的特点,播种圆盘共设置12组种杯,能够完成 12 组小区连续作业,播种圆盘每次转过角度 30°。该自动送种装置包括步进电机、动力传递机构、转动圆盘、种杯底座、种杯等。种杯开、合漏种工作原理如图 4-2 所示。

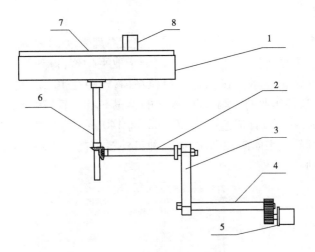

1—种盘托盘;2、3、4—传动幅;5—驱动电机;6—旋转杆;7—种盘;8—种杯

图 4-1   自动送种系统工作原理图

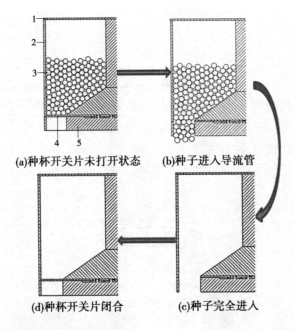

(a)种杯开关片未打开状态   (b)种子进入导流管

(d)种杯开关片闭合   (c)种子完全进入

1—种杯盖;2—种杯上部;3—大豆;4—种杯开关片;5—种杯底盖

图 4-2   种杯内腔种子上种过程图

4.4　自动送种装置的设计

4.4.1　种杯设计

考虑到黄淮海区域大豆播种的特点,采用皖豆系列皖豆 23 和皖豆 28 做样本,分别用容量杯对千粒大豆进行体积测定。经过多次测量取平均值,得到皖豆 23 和皖豆 28 的平均千粒容积为 310 mL。大豆小区播种为单粒精播,株距在 10 cm 左右,一次最多播种约为 500 粒,考虑到播种作业的极端情况,种杯的容积不能小于 170 mL。

如图 4-3 所示,种杯设计成直径为 40 mm、高 140 mm 的圆柱形,容积为 175.84 mL。种杯底面设计成倾斜式锥面漏种口,种杯漏种口外覆盖挡种片,种杯外沿设置限位凸台,防止种杯自由转动。

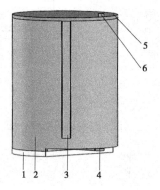

1—种杯底部;2—种杯上部;3—限位凸台;4—开关片;5—种杯盖;6—种杯盖安装柱

图 4-3　种杯整体结构

为了使种杯漏种口的尺寸尽可能的大,上种速度快,将漏种口直径定为不小于 20 mm;同时为了便于加工生产,并且整个种杯的尺寸、体积更紧凑,故而设计的种杯漏种口不与种杯上种口同心,偏置于种杯边缘,并且均匀分布,从而能够保证上种过程种子顺利进入导流管,不至于出现卡种、漏种等问题,种杯漏种口直径设计不小于 20 mm,种杯内腔尺寸如图 4-4 所示。

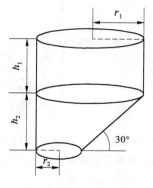

图 4-4　种杯内腔尺寸

种杯内腔的体积 V 要满足以下条件：

$$V = \pi r_1^2 h_1 + \frac{\pi}{3}(r_1^2 - r_2^2)h_2 \qquad (4\text{-}1)$$

其中，

$$\left.\begin{array}{l} h_2 = 2(r_1 - r_2)\tan\varphi \\ r_2 \geqslant 10 \\ r_1 > r_2 \end{array}\right\} \qquad (4\text{-}2)$$

式中　　V ——种杯每个内腔的体积,mL；

　　　　r_1 ——种杯上种口半径,mm；

　　　　r_2 ——种杯出种口半径,mm；

　　　　φ ——大豆滑动摩擦角,(°)；

　　　　h_1 ——种杯内腔上部圆柱体高度,mm；

　　　　h_2 ——种杯内腔下部半锥体高度,mm。

联立上式,通过 MATLAB 进行拟合整理后得到图 4-5、图 4-6。

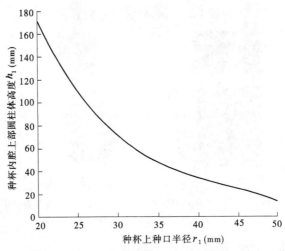

图 4-5　种杯内腔上部圆柱体高度 h_1 与种杯出种口半径 r_2 的关系

从图 4-5 中可以看出,两者之间的变化趋势,随着种杯上种口半径 r_1 逐渐增大,种杯内腔上部圆柱体高度 h_1 逐渐变小,在 45 mm $\geqslant r_1 \geqslant$ 35 mm 范围内时,h_1 下降速度变慢,趋于平稳,说明 r_1 对 h_1 的影响越来越小。

从图 4-6 中可以得出,当 r_1 不变时,r_2 对 h_1 的影响很小。相比较而言,r_1 对 h_1 的影响是主要因素,选取种杯上种口半径 r_1 为 35 mm,种杯出种口半径 r_2 为 15 mm,种杯内腔上部圆柱体高度 h_1 大于 50.8 mm。种杯上部的结构设计如图 4-7 所示。

4.4.2　种杯底部的结构设计与参数选取

由于上种装置的结构紧凑,同时保证开关片的安装与更换方便,为了安装开关片,种杯出种口与种杯上种口半径不能相同,并且留有开关片的转动空间,出种口的偏置能够保证大豆种子的进入。种杯底部主要由种杯底盖、开关片及安装螺钉等组成,其中种杯底部

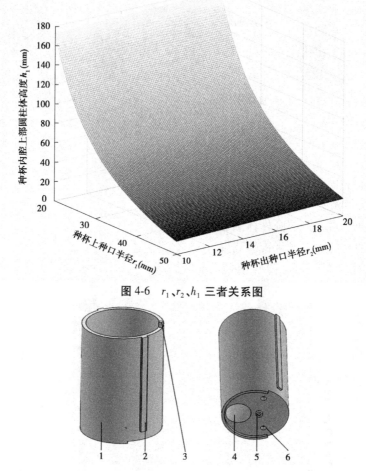

图 4-6 r_1、r_2、h_1 三者关系图

1—种杯上部；2—限位凸台；3—种杯盖安装柱；4—种杯出种口；5—开关片安装孔；6—安装定位孔

图 4-7   种杯上部结构图

开关片的打开与闭合如图 4-8 所示。

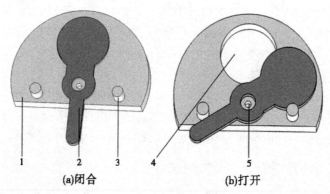

(a)闭合   (b)打开

1—种杯底部；2—种杯底盖；3—安装定位柱；4—种杯出种口；5—螺钉孔

图 4-8   种杯底盖与开关片的开闭图

工作状态中,种杯开关片由于开关片杆与开关柱接触及阻挡,逐渐打开;当种盘转动到指定位置时,种盘内的种杯出种口与底座上的出种口对齐,此时种杯已经完全打开,开关片处于极限位置,如图 4-8(b)所示。当种杯口完全打开时,电机暂停工作,等待种子完全进入排种器及接收下一个脉冲信号,从而实现自动上种。

由于本设计过程中为实现结构紧凑、加工及安装更换简便,使开关片与开关片杆作为一体,种杯底盖上的两个安装定位柱与种杯上部的相应位置的安装定位孔相配合,起到种杯底盖与种杯上部的安装及方向的定位。

4.4.3　种盘的设计

种盘既是种杯的承载装置也是实现种杯自动更换的关键部件,种盘的设计直径为520 mm,设计高度为100 mm。在种盘底部通过切削形成了种盘边缘凹槽,如图 4-9 所示。当种盘转动时,底座上的开关柱在种盘边缘凹槽内,两者不形成干涉,并为种杯开关片的打开提供了路径,凹槽直径为470 mm,切削深度为20 mm;种盘内有 36 个种杯安装内槽,可以安装 36 个种杯,均匀分布于种盘内,每个种杯安装内槽直径为200 mm;种盘内有种杯安装凹槽,为种杯在种盘内的安装提供支撑及定位,避免种杯在种盘内与种盘相对转动;电机转动带动传动轴转动,传动轴的另一端为正六角形与种盘传动轴孔配合,从而使种盘随着电机的转动而转动,轴的直径为18 mm。

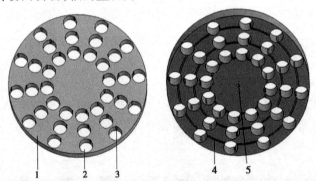

1—种盘;2—种杯安装内槽;3—种杯安装凹槽;4—种盘边缘凹槽;5—传动轴孔

图 4-9　种盘整体结构图

4.4.4　种盘外托盘的设计

如图 4-10 所示,外托盘安装了 1 个电机,为直流步进电机,种杯在随着种盘转动时,开关片受到底座外壳上的开关柱阻挡,开关片与种杯发生相对运动,使种杯出种口打开,种子从种杯流入底座出种口,从而进入导流管,最终流入排种器。安装支架主要用于上种装置与现有的大豆电动小区播种机的安装,可方便上种装置的安装、维修及拆卸,可根据安装位置不同而改变安装方式。底座外壳直径为522 mm,底座的 3 个出种口与种杯出种口对齐时同轴心,底座出种口略大于种杯出种口,直径为35 mm,可通过导种管(软管等)与排种器相连;开关柱位于底座直径为485 mm 的圆圈上,直径为15 mm,高为16 mm。

将各参数代入式(2-5)中,计算可得: $T = 28.028 \sim 30.576$ N·m,为电机选型提供数

1—开关柱；2—底座出种口；3—底座；4—传动轴孔；5—传动系统；6—底座出种安装孔；7—轴套；8—锥齿轮

图 4-10　外托盘结构图

据参考。根据计算力矩，选择 SUMTOR 品牌 110HS2160A4 型号步进电机，静力矩 30 N·m，电流 6 A，步距角 1.8°。

4.5　自动送种装置的 ADAMS 仿真分析

ADAMS，即机械系统动力学自动分析（Automatic Dynamic Analysis of Mechanical Systems，ADAMS），该软件是美国 MSC 公司开发的虚拟样机分析软件，被广泛应用于各行业的机械装置仿真[169-176]。

4.5.1　排种盘旋转时的受力分析

4.5.1.1　建立约束模型

送种装置模型用 Soliderworks 软件预先构建，并以"X_T"格式导入到 ADAMS 软件，并在软件中设置送种装置模型的各约束幅、旋转幅与固定幅，如图 4-11 所示。

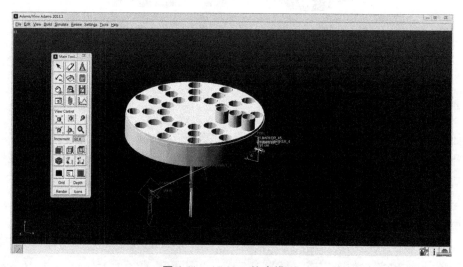

图 4-11　ADAMS 约束模型

4.5.1.2　模型的动力学仿真

首先,建立正确的运动初始条件,设定有关仿真和试验的参数,并设定分析步长和时间的参数。经过给定输入运动规律,对送种装置工作部件模型模拟仿真。

通过观察图 4-12、图 4-13 可知,曲线两端平滑,在 0.8 s 处有剧烈波动,波动原因为此时种杯开关片打开,种子排出,整个种盘的质量发生变化。通过观察图 4-14 可以发现,曲线开始出现剧烈波动,之后整个曲线基本平滑,说明种盘在启动时,阻力较大,启动后旋转过程平稳,在 0.8 s 处有轻微波动,之后很快稳定,与转动轴 X、Y 轴受力分析一致。整个供种过程中,质量变动引起的受力变化很短暂,供种受力平稳。

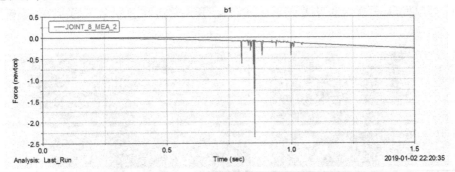

图 4-12　转动轴 X 方向受力分析

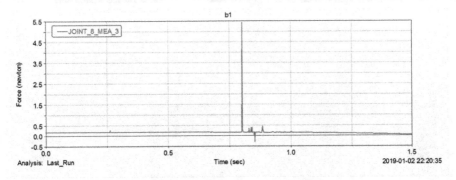

图 4-13　转动轴 Y 方向受力分析

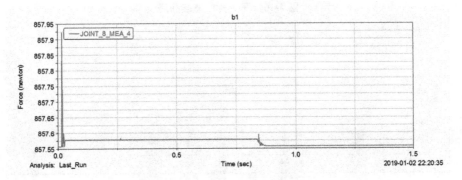

图 4-14　种盘的受力分析

4.5.2　种杯开关片的运动分析

　　自动送种系统最终能否很好地实现供种任务,种杯开关片是否能及时打开、运转是否良好起到关键作用。因此,需要分析种杯开关片的运动轨迹。

　　通过观察图 4-15 可以发现,种杯开关片的运行轨迹曲线平滑,说明开关片在打开过程中无阻碍,运动平稳。通过观察图 4-16 可以看出,开关片先随种盘同步转动,速度平稳,在 0.8 s 处碰到托盘上的开关挡柱时,速度变化波动,此时,开关片开始打开,在很短的时间内,开关片全部打开,随后开关片随种盘同步运动,速度趋于平稳。通过观察图 4-17 可以发现,开关片位移曲线平滑,说明在开关片运动过程中,开关片绕固定点旋转运动过程平稳、平顺、无偏移。

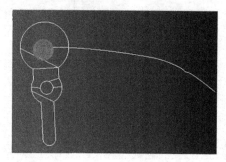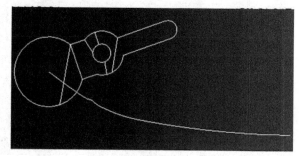

图 4-15　开关片的运动轨迹

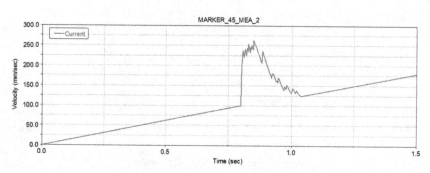

图 4-16　开关片的速度曲线

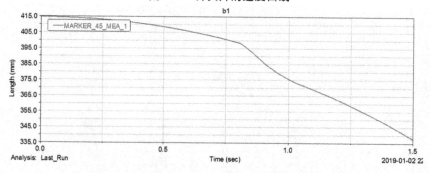

图 4-17　开关片的位移曲线

4.6　种杯内种子的 EDEM 仿真分析

EDEM 仿真软件是基于离散元模型设计的模拟和分析颗粒运动特征和测试的专业工具。

4.6.1　仿真参数设置

设置大豆颗粒属性、壁面属性、颗粒—颗粒、颗粒—壁面之间的参数等[177-184]，如表4-1、表4-2所示。

表 4-1　全局变量参数设置

项目	属性	值
大豆颗粒	泊松比	0.25
	剪切模量(Pa)	1.04×10^6
	密度(kg/m³)	1 228
钢铁壁面	泊松比	0.3
	剪切模量(Pa)	7×10^{10}
	密度(kg/m³)	7 800
颗粒—颗粒	恢复系数	0.6
	静摩擦系数	0.45
	动摩擦系数	0.05
颗粒—壁面	恢复系数	0.6
	静摩擦系数	0.3
	动摩擦系数	0.01

表 4-2　颗粒体参数设置

属性	值
颗粒长度(mm)	7.667
颗粒宽度(mm)	7.582
颗粒厚度(mm)	6.945
面1(X、Y、Z)	(0,-0.35,0)
面2(X、Y、Z)	(0,0.35,0)
面3(X、Y、Z)	(0,0,1.05)
面4(X、Y、Z)	(0,0,-1.05)

4.6.2　定义集合体及颗粒工厂

将预建好的排种器模型导入 EDEM 中,设定种盘旋转轴转速等基本参数,创建颗粒工厂,设定虚拟平面,设定颗粒工厂动态生成,种子颗粒个数 120 粒,为下一步仿真运行做准备。

4.6.3　仿真结果分析

通过观察图 4-18 可知,种杯到达预定位置后,种杯开关片打开,种子均匀下落,在规定时间 12 s 内能够完全投放完毕,没有滞留。观察图 4-19 可知,种子经过运种等待时间大约 8 s 后,开始下落,单粒种子下落大约 1 s 后即达到速度峰值约 3 m/s,经 1 s 后种子完全落入排种器,种子能够在 2 s 时间内完成有效投放。通过仿真分析,设计的自动送种装置符合预定目标。

图 4-18　送种装置仿真

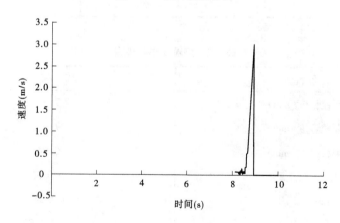

图 4-19　种子速度曲线

4.7　本章小结

（1）利用步进电机驱动供种圆盘的电控方式，研制了一种新的自动送种系统。该自动送种系统采用转盘式圆盘种杯组的结构，可以一次完成 12 个小区的送种工作，节省了人力。

（2）对自动送种装置的种盘和种杯开关片进行了仿真分析，得到了它们的运动轨迹，通过分析可知，设计的种盘和种杯开关片符合实际工作要求。

（3）对种杯内的种子做了投种状态下的 EDEM 仿真分析，设计的种杯能够让种子在有限的时间内全部顺利投放至既定的排种器内。

第 5 章　自动排种系统的设计与分析

自动排种系统是电驱动小区播种机最关键的系统,窝眼轮式排种器是自动排种系统的关键组件。窝眼轮式排种器控制电机的工作精度,直接关系到大豆小区播种机的精准播种效果。本章以大豆小区播种机的排种系统为研究对象,研究其工作原理、控制方式、结构特点等,针对大豆的特点,研究窝眼轮式排种器的工作参数,通过试验分析,获得自动播种系统的最佳工作条件。

5.1　自动排种系统的工作过程与结构

大豆小区播种机自动排种系统的结构如图 5-1 所示。到达预播种小区后,自动送种系统将待播种子送入排种器存种区域中,技术人员开启播种按钮,播种机开始行进,车速传感器检测到行进速度,将其传递给可编程控制器,在可编程控制器根据数学模型执行数据处理之后,将数字信号发送给驱动器,电机驱动器将数字信号转换为脉冲量,步进电机依据脉冲量精准转动。步进电机输出轴带动排种轴转动,排种轮将种子运送至落种区域,种子沿着开沟器内导种管,最终落入预设种沟。此过程中,排种器的转动速度与播种机行进速度是匹配的,无论车速怎么变化,播种株距始终符合要求。

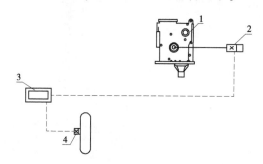

1—排种器;2—排种器步进电机;3—PLC;4—车速传感器

图 5-1　排种系统结构

5.2　排种系统的设计与分析

5.2.1　步进电机及驱动器的选型

小区播种机排种作业要求精度高,因此要求排种器的驱动动力转速稳定、扭矩大、精度高。根据表 5-1,结合样机工作实际,选取步进电机作为排种器的驱动动力源。步进电机精度通常在 0.03 左右,保证了步进电机扭矩的传递精度。

表 5-1 常用电机性能参数对比

类型	体积	扭矩	恒定转速范围	控制精度	功耗	价格
直流电机	小	大	无	低	大	低
步进电机	中	中	200 r/s 以下	较高;开环控制	小	中
伺服电机	大	大	300 r/s 以下	高;闭环控制	小	高

不同型号的排种器由于材料和结构不同,它的排种轴启动所需要的扭矩也不同。所以,确定步进电机型号和参数前需要进行排种轴扭矩测试。选择如 KZS-2 型扭矩测试仪对所选择的排种器排种轴进行扭矩测定(见图 5-2)。测定结果显示,所选择的高填充式排种器的启动瞬时扭矩为 1.8 N·m,平稳转动后的扭矩为 1.5 N·m。

图 5-2 扭矩测试试验图

由扭矩测定试验数据作为理论依据,本书采用选用步进电机,其主要参数为:电枢电感 $L_a = 0.021\ 8$ H,电枢回路全电阻 $R_m = 2.384\ \Omega$,转动惯量 $J_a = 0.002$ kg·m²,反电动势常数 $K_e = 0.085$ V·s/rad,电流 4.0 A,扭矩 2.4 N·m,步距角 1.8°,配套使用的驱动器选用 DM542。

步进电机驱动器电路如图 5-3 所示,其中 Signal Out 1 通过 2 个单刀双掷的开闭组合来完成步进电机输出轴旋向的改变,Signal Out 2 连接驱动器模拟调速电压输入端口,利用调节步进电机驱动器输出的脉冲个数来调整步进电机输出轴的转速。

5.2.2 步进电机及控制系统安装位置的设计

根据步进电机的外形尺寸以及电机支座安装孔的位置,将步进电机固定在车架上,与排种器中间轴平行安装,步进电机输出轴安装大齿轮,中间轴安装小齿轮,两者用链条连接,传动比为 1.5∶1。控制箱安装于驾驶位置右侧,符合多数驾驶员的操作习惯。控制箱内安装有 PLC、触摸屏等元器件。控制箱采用方形盒子,不工作时,盒盖关闭;工作时,盒盖打开,显出触摸屏等操作部件。

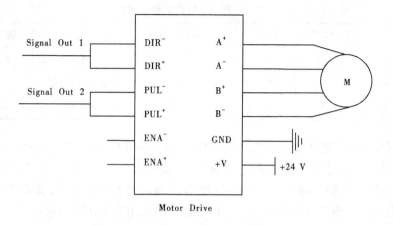

图 5-3 步进电机驱动器电路图

5.2.3 排种器的选型与试验分析

5.2.3.1 排种性能对比试验

由于本设计的小区播种机主要针对大豆种子进行播种,因此排种器的选型主要考虑适合大豆播种的类型,选择窝眼轮式排种器、指夹式排种器和勺轮式排种器进行对比试验。排种器的工作性能直接影响排种系统的排种质量。为保证试验结果的可靠性,在本试验中选用两种大豆(皖豆 28 和中黄 13)来测试三个型号机械式排种器在不同速度下的排种效果。使用 STB-700 型多功能播种智能检测试验台,测试时,将排种器安装在相应的台架上,将落种高度设定为 200 mm,选取重播指数、漏播指数和株距变异系数等指标作为衡量排种器排种性能的参考依据。试验数据结果按照国标《单粒(精密)播种机试验方法》(GB/T 6973—2005)对重播指数 D、漏播指数 M 和株距变异系数 C 进行统计,如表 5-2~表 5-4 所示。

表 5-2 不同转速下机械式排种器的重播指数

排种轴转速 (r/min)	皖豆 28			中黄 13		
	勺轮式 排种器(%)	指夹式 排种器(%)	窝眼轮式 排种器(%)	勺轮式 排种器(%)	指夹式 排种器(%)	窝眼轮式 排种器(%)
10.0	1.70	1.68	1.55	1.90	1.69	1.62
15.0	1.73	1.72	1.56	2.02	1.72	1.65
20.0	1.75	1.75	1.59	1.95	1.74	1.67
25.0	1.79	1.78	1.63	1.97	1.77	1.71
30.0	1.81	1.80	1.66	1.98	1.80	1.75
35.0	1.85	1.83	1.70	2.00	1.84	1.78
40.0	1.92	1.87	1.75	2.12	1.87	1.82
45.0	2.06	1.92	1.81	2.25	1.91	1.93
50.0	2.18	2.05	1.93	2.39	2.06	2.05
55.0	2.34	2.20	2.05	2.55	2.22	2.19

表 5-3　不同转速下机械式排种器的漏播指数

排种轴转速 （r/min）	皖豆 28			中黄 13		
	勺轮式 排种器（%）	指夹式 排种器（%）	窝眼轮式 排种器（%）	勺轮式 排种器（%）	指夹式 排种器（%）	窝眼轮式 排种器（%）
10.0	1.98	1.95	1.69	2.00	1.97	1.70
15.0	2.01	1.98	1.72	2.02	2.00	1.73
20.0	2.02	2.00	1.76	2.03	2.03	1.78
25.0	2.08	2.05	1.78	2.07	2.06	1.80
30.0	2.14	2.12	1.81	2.12	2.13	1.82
35.0	2.19	2.18	1.86	2.18	2.20	1.86
40.0	2.26	2.24	1.92	2.25	2.26	1.91
45.0	2.40	2.30	1.99	2.41	2.33	1.97
50.0	2.53	2.44	2.13	2.55	2.48	2.12
55.0	2.67	2.60	2.28	2.70	2.63	2.27

表 5-4　不同转速下机械式排种器的株距变异系数

排种轴转速 （r/min）	皖豆 28			中黄 13		
	勺轮式 排种器（%）	指夹式 排种器（%）	窝眼轮式 排种器（%）	勺轮式 排种器（%）	指夹式 排种器（%）	窝眼轮式 排种器（%）
10.0	6.83	6.42	6.34	6.80	6.40	6.35
15.0	7.02	6.75	6.69	7.05	6.71	6.61
20.0	7.15	6.93	6.87	7.23	6.94	6.90
25.0	7.46	7.20	7.13	7.47	7.19	7.24
30.0	7.68	7.41	7.38	7.70	7.42	7.43
35.0	8.03	7.78	7.72	7.98	7.76	7.76
40.0	8.24	8.16	8.11	8.21	8.13	8.12
45.0	8.60	9.64	9.55	8.55	9.58	9.57
50.0	10.97	11.37	11.04	10.74	11.29	10.98
55.0	13.31	12.76	12.56	13.22	12.70	12.59

5.2.3.2　结果分析

观察表 5-2 可以得到，当选用皖豆 28 进行排种测试时，勺轮式排种器随着旋转速度的增大其重播指数呈现上升趋势，当勺轮式排种器排种轴旋转速度达到 40 r/min 时，勺轮式排种器的重播指数明显增大。使用中黄 13 进行排种测试时，由于中黄 13 大豆品种的扁平率比较高,不论勺轮式排种器排种轴转速怎么变化,其取种勺内发生抓取两粒种子的概率较高,即重播指数较高。因此,随着勺轮式排种器排种轴旋转速度的逐渐增高,勺轮式排种器的重播指数基本保持不变。指夹式排种器依靠指夹器完成取种过程,皖豆28和中黄13两种大豆品种的百粒重均较大,对于指夹式排种器分别采用皖豆28和中黄13进行排种测试后的重播指数变化趋势基本一致。当指夹式排种器排种轴旋转速度小于45 r/min时,其重播指数随着指夹式排种器排种轴旋转速度的增高逐渐增大。当指夹式排种器排种轴旋转速度大于45 r/min时,其重播指数显著增大。窝眼轮式排种器使用中黄13进行排种测试时,其重播指数显著高于使用皖豆28进行的排种测试数据。将窝眼轮式排种器所测得数据分别与勺轮式排种器和指夹式排种器的测试数据相比可知,采用皖豆28进行测试时,窝眼轮式排种器的重播指数明显低于勺轮式排种器和指夹式排种器。

观察表5-3中的数据可知,使用皖豆28和中黄13进行排种测试结果中,三种排种器的漏播指数的变化趋势基本一致。勺轮式排种器的漏播指数随着其排种轴旋转速度的增高而增大,当排种轴旋转速度高于40 r/min时,勺轮式排种器的漏播指数显著增大。指夹式排种器的漏播指数随着其排种轴旋转速度的增高而增大,当排种轴旋转速度高于40 r/min时,指夹式排种器的漏播指数明显增大。与其他两种排种器相比,同等旋转速度下窝眼轮式排种器的漏播指数稍低一些,当窝眼轮式排种器的排种轴旋转速度高于45 r/min时,其漏播指数明显增大。

观察表5-4中的数据可知,使用皖豆28和中黄13进行排种测试结果中,三种排种器的株距变异系数均随着排种器排种轴旋转速度的增加而增大。在排种轴低旋转速度时,勺轮式排种器的株距变异系数在三种排种器中最大;当排种器排种轴旋转速度高于40 r/min时,勺轮式排种器的株距变异系数明显增高,其他两种排种器的株距变异系数变化不明显;当排种器排种轴旋转速度高于45 r/min时,指夹式排种器和窝眼轮式排种器的株距变异系数开始显著增大,而勺轮式排种器的株距变异系数变化不明显。虽然三种排种器的测试结果数值较大,但均满足国家标准的要求,排种器排种性能有待提高。

通过排种器的排种性能对比试验得出如下结论:相同条件下三种排种器的重播指数、漏播指数和株距变异系数指标值随着排种器排种轴旋转速度的提高而逐步增大;三种排种器性能指标值对比,重播指数、漏播指数和株距变异系数最小的都是窝眼轮式排种器,其综合性能较优。所以,本书选择窝眼轮式排种器作为电子控制方案设计的基础。

5.2.4　窝眼轮式排种器排种轮运动学分析

窝眼轮式排种器依靠窝眼轮组件进行充种和携种,如图5-4所示。窝眼轮组件是圆柱形结构,在圆柱面上以相同间隔开若干个直径相同的半圆孔,作为充种孔。窝眼轮式排种器的具体结构如图5-5所示。种子在充种过程中,不仅受到充种装置自身结构参数的影响,还受到播种机行进速度、窝眼轮转动速度的影响。

图 5-4　窝眼轮式排种器排种轮模型

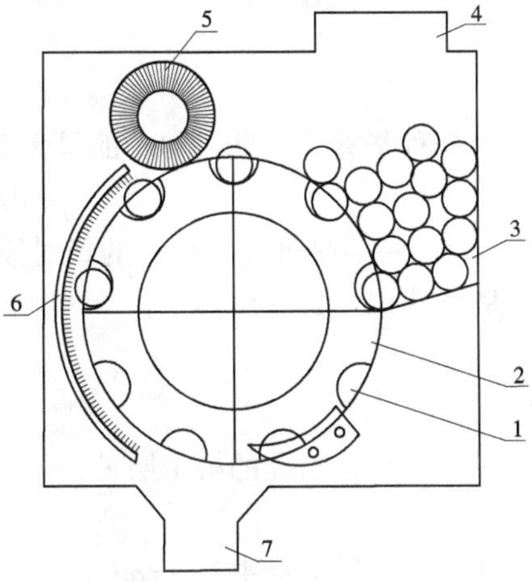

1—窝眼；2—排种轮；3—存种腔；4—进种口；
5—种刷；6—护种板；7—排种口

图 5-5　排种器结构

5.2.4.1　充种过程运动学分析

种子充入种孔的过程中,型孔中的种子在窝眼轮转动时受力情况如图 5-6 所示,种孔中的种子受到离心力 F_1、种群压力 F_2、型孔支撑力 N 和种子自身重力 G 的共同作用[185]。当窝眼轮的转动速度处于较低状态下,型孔口的种子受到的种群压力 F_2 大于种子自身的离心力 F_1,种子在种群压力 F_2 和自身重力 G 的合力作用下,充进种孔。当窝眼轮转速逐渐增大至离心力 F_1 与种群压力 F_2 相等状态时,种子处于型孔边缘的临界状态,即籽粒也许落入型孔内,也可能越过

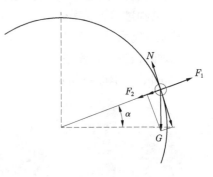

G—重力；F_1—离心力；
F_2—种子群对其作用力；N—支撑力

图 5-6　充种过程中种子受力图

型孔而未充入型孔。此时窝眼轮的转速称为极限转速。当窝眼轮转速大于极限转速时,离心力 F_1 大于种群压力 F_2,种子完全越过型孔而进不了型孔,造成漏播。

根据牛顿第二定律可得：

$$\left.\begin{array}{c} F_2 + G\sin\alpha - F_1 = ma \\ N - G\cos\alpha = 0 \end{array}\right\} \tag{5-1}$$

假设种子型孔的主体形状为圆球状,半径设为 R_1,则型孔深度近似为 R_1;假设种子模型近似球体状,其半径设为 R_2;窝眼轮平面也为圆形,半径设为 R_3;对窝眼轮型孔中的籽粒受力进行运动学分析。种子充进型孔的运动过程可以分解为两个运动,即沿排种器法线方向的初速为零的匀加速运动和沿排种器切线方向的匀速运动。种子整体充进窝眼型孔后,窝眼内种子沿排种器切线方向位移为：

$$s \le 4R_1 - R_2 \tag{5-2}$$

窝眼内种子在排种器法线方向的位移为：

$$R_2 = \frac{1}{2}gt^2 \tag{5-3}$$

由于种子充进型孔过程中的最大切向位移等于 $2(R_1 - R_2)$ ，有

$$4R_1 - R_2 = v_{0max}t \tag{5-4}$$

式中　v_{0max}——排种轮与种子的相对极限速度。

联立式(5-3)、式(5-4)得

$$v_{0max} = (4R_1 - R_2)\sqrt{\frac{g}{2R_2}} \tag{5-5}$$

种群中接近型孔的第 1 层种子的质心速度为：

$$v_1 = 0.5v_0 ; v_{1max} = 0.5v_{0max} \tag{5-6}$$

在匀速圆周运动中有 $v = \omega r$ ，联立式(5-5)、式(5-6)可得排种轮的极限转速为：

$$v_{0max} = \frac{2(4R_1 - R_2)}{R_3}\sqrt{\frac{g}{2R_2}} \tag{5-7}$$

本研究选取排种器半径 65 mm，大豆半径 3.7 mm，型孔半径 6 mm，则可计算得排种轮极限转速 v_{0max} ，对应转数为 105.83 r/min 。

5.2.4.2　携种过程运动学分析

种子充进窝眼型孔后，随着窝眼轮旋转一起运动直至完全脱离型孔，该阶段就是携种阶段。携种阶段种子在窝眼轮上处于不同的位置，种子的受力情况也不同，大体上分为三个阶段，如图 5-7~图 5-9 所示。

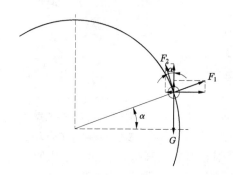
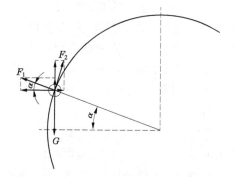

图 5-7　携种 1 阶段受力图　　　　　　　图 5-8　携种 2 阶段受力图

三个阶段的数学方程分别为：

$$\left. \begin{array}{l} F_2\cos\alpha + F_1\sin\alpha = G \\ F_2\sin\alpha = F_1\cos\alpha \end{array} \right\} \tag{5-8}$$

$$\left. \begin{array}{l} F_2\cos\alpha + F_1\sin\alpha = G \\ F_2\sin\alpha = F_1\cos\alpha \end{array} \right\} \tag{5-9}$$

$$\left. \begin{array}{l} F_2 = G\cos\alpha \\ F_1 + G\sin\alpha = N + m\omega R_2^2 \end{array} \right\} \tag{5-10}$$

第一阶段,种子完全充进型孔内随窝眼轮转动,从水平点运动至最高点,转过角度为 0°~90°。型孔中种子的速度从零加速至与窝眼轮转速逐渐同步。所受到的种群力 F_2 逐渐变小,籽粒的离心力 F_1 逐渐增大。

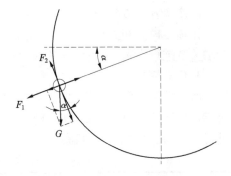

第二阶段,种子在窝眼型孔内随窝眼轮转动,从最高点运动至下一个水平点,转过角度为 90°~180°。窝眼型孔内的籽粒应在自身重力和离心力的合力下逐渐滑出型孔,但在护种板的护

图 5-9　携种 3 阶段受力图

种作用下,籽粒仍然保持在型孔内,与窝眼轮一起匀速运动。

第三阶段,种子随窝眼轮继续转动,从水平点运动至最低点,转过角度为 180°~270°。籽粒随窝眼型孔离开护种板区域,在自身重力和离心力的合力作用下,脱离型孔落入种沟。

5.2.5　窝眼轮式排种器的仿真试验

5.2.5.1　仿真步骤

1. 建立种子模型

把预先使用 Soliderworks 软件构建好的排种器模型,以"X_T"格式导入到 ADAMS 软件,并在软件中设置排种器模型的各约束幅、旋转幅与固定幅。排种器模型中,排种轮、种刷等结构部件都需要按实际工作状态设定相应的约束条件。排种器材料为防静电聚氯乙烯,杨氏模量取 3.6 GPa,密度为 1 380 kg/m³,构建好排种器模型之后,构建大豆种子模型,如图 5-10 所示。由于本研究所设计的大豆小区播种机针对黄淮海区域工作。所以,采用皖豆系列豆种作为样本,常用皖豆系列百粒重在 20~24 g,本研究模型采用百粒重在 22 g 的大豆作为样本,单粒直径平均为 7.4 mm,进行构建模型参数设置。受作者使用计算机性能的限制,本次仿真仅模拟设置 3 粒大豆种子模型进行试验。

图 5-10　构建大豆种子模型

2. 建立种子与排种器之间的约束关系

排种器模型和大豆种子模型设置好之后,需要对大豆种子模型与排种器模型之间的接触关系进行设置,采用系统默认设置。

3. 仿真运行

所有模型参数设置完之后,需要对模型进行运转仿真试验,观察大豆与排种器模型是否能正常运转。根据 5.2.4 部分所计算的排种轮的极限转速,对表 5-5 所示排种轮转速进行仿真,观察种子运动状态。

表 5-5　排种轮转速

线速度(m/s)	0.1	0.2	0.3	0.4	0.5	0.6	0.7	0.8
转数(r/s)	0.24	0.49	0.73	0.98	1.22	1.47	1.71	1.96
角度(°)	86.4	176.4	262.8	352.8	439.2	529.2	615.6	705.6

根据前文所计算的排种器的排种轴极限转速 $v_{0max}=0.72$ m/s,对应转数为 1.76 r/s。因此,从 0.1 m/s 依次进行验证,排种轮仿真时的极限速度放大至 0.8 m/s,观察种子的运动状态。窗口输入值为角度,例如极限转速 1.71 r/s ×360°=615.6°/s,输入时四舍五入取整。

观察仿真试验数据,当排种轴转速为 0.6 m/s,即转速在 1.47 r/s 时,窝眼型孔内种子速度处于临界状态,种子在排种轮窝眼内随时可能飞出来,排种轴的转速继续升高,则籽粒要么充不进型孔,或者完全从型孔内飞出,如图 5-11 所示。

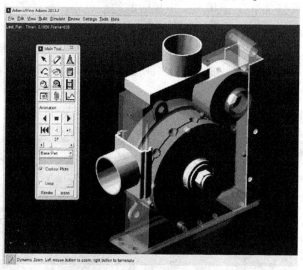

图 5-11　仿真极限速度

5.2.5.2　仿真结果分析

仿真试验数据与前期计算数据基本相同,造成误差的原因可能与构建的大豆籽粒模型和排种器模型局部失真有关,另外也与计算结果数值上四舍五入有关。排种轴的极限转速约为 0.7 m/s,当排种轴超过这个转速时,排种器的漏播指数明显增大。因此,在后续的台架试验中,只需要将车辆的行进速度选取在极限值附近进行试验即可,降低了试验的工作量。本次仿真试验数据显示排种轴极限旋转速度为 88 r/min,高于这个旋转速度,漏播指数激增,而本章 5.2.2.3 部分所做排种器选型台架试验数据显示,窝眼轮式排种器排种轴旋转速度在 45 r/min,其漏播指数开始激增。两个数据转速值差异较大,原因应该是使用软件仿真时,尚不能做到真实环境下的参数设置。采用台架试验时,台架的振动因素、环境潮湿度对豆种的影响等,造成排种轴极限转速指标值比仿真值低。以此类推,在田间试验时,加上土壤环境等室外因素的影响,排种轴极限转速值应该更低。所以,在后续试验中,配合车辆行进速度,需要将排种轴极限转速设置在一个较低的范围内试验即可。

5.3　窝眼轮充种 EDEM 仿真分析

通过对窝眼式排种轮携种过程的力学分析,根据第 4 章 4.6 节的参数设置,适当调整参数,对窝眼轮式排种器进行运种过程 EDEM 仿真。

通过观察图 5-12 可知,在排种轴低速运转时,窝眼轮充种效果良好,没有漏种和重种。通过观察图 5-13 可知,经过充种等待时间大约 4 s,种子颗粒充入窝眼中,种子随窝眼轮运动,经过大约 1 s 的缓慢爬升后,种子随窝眼轮向重力方向运动,经过大约 1 s 后种子掉出窝眼,种子在充入窝眼孔后的运动轨迹比较平稳,没有波动。这说明,进行 EDEM 仿真试验时,排种器排种轴转速位于极限转速 50 r/min 以下时,种子籽粒都能够被窝眼顺利运走,种子充种效果良好,漏播指数和重播指数较小,这个结果和实际台架试验结果 45 r/min 接近,为后续试验提供参考。

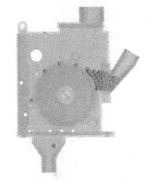

图 5-12　排种器运种过程仿真

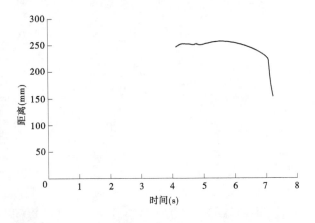

图 5-13　种子位移曲线

5.4　本章小结

（1）设计了自动排种系统的结构方案，通过对排种器的选型及试验，确定了自动排种系统的结构参数和配置。

（2）进行了窝眼轮式排种器排种轮的 ADAMS 仿真分析，获取了该排种器排种轴的理论旋转速度的极限值。

（3）对窝眼轮运种过程进行了 EDEM 仿真，验证了排种器排种轴的极限转速与台架试验获得结果相符，为后续试验提供了数据参考。

第 6 章　自动清种系统的设计与分析

小区播种机要求每个小区开始播种工作之前,需将上一小区所播残余种子清理干净,不能有残留,避免与下一小区所播种子混杂,影响科研工作的准确性。本章以自动清种系统为研究对象,研究其工作原理、结构特点、控制方式等。

6.1　自动清种系统的设计要求

根据国内外对小区播种机的残余种子清理方法的研究,利用现有的试验设备对窝眼轮式排种器进行了改进加工,利用负压真空的原理设计了吸气式自动清种系统。该系统可以提高残余种子清除的作业效率,降低人力的劳动强度。自动清种系统的设计需要满足下列条件:

(1)系统布局合理,结构简单,拆卸方便。

(2)残余种子清理干净,种子品种不能混杂。

(3)控制简单,易于操作。

6.2　大豆种子的物理特性和受力分析

大豆小区播种机的自动清种系统的工作对象就是大豆种子。不同的大豆品种其形状、大小、体积、质量等是不同的。常见的大豆外形有圆球形和椭圆形,本研究侧重于黄淮海区域的大豆品种,黄淮海地区大豆品种以圆球形居多。因此,本书讨论的大豆外形以圆球形为例,研究清楚大豆种子颗粒的物理特性及其在气流下的气动和沉降机制有利于设计好大豆清种装置。

6.2.1　大豆的密度和体积

大豆密度参数是用于计算大豆最小启动速度、最大沉降速度和由气流吸起来所需的最小负压的重要参数。为了获得大豆密度参数,本书使用精度为 0.01 g 的电子天平分别测定了 5 个品种的大豆千粒重,皖豆 15、皖豆 23、皖豆 24、皖豆 26、皖豆 28 等。每个品种重复 5 次,最后取 5 个品种的平均值为 218.45 g。应用精度为 1 mL 的量筒分别测量 5 个品种的 1 000 粒大豆种子的排水体积,每个品种重复 5 次,最后取 5 个品种平均值为 312 mL。计算得到 1 粒大豆种子的质量为 0.218 45 g,体积为 0.312 mL,密度为 700.16 kg/m³。

在本书中,假定大豆是大小一致、质量均匀分布的球体,体积可表示为:

$$V = \frac{4}{3}\pi r^3 \tag{6-1}$$

式中　V——大豆种子的实际体积,m^3;

　　　r——大豆种子的实际半径,m。

测定的 5 个品种的大豆种子净度为 99%,含水率为 11.5%,使用精密度为 0.01 mm 的外径千分尺测量大豆的长、宽、高三轴尺寸,每个品种测定 100 粒取平均值,分别为 7.667 mm、7.582 mm、6.945 mm,将 3 个值进行二次平均,最终取值 7.398 mm。

6.2.2　大豆的迎风面积

根据大豆在不同状态下所受的外力作用,计算大豆的迎风面积参数是一个重要数据。迎风面积可表示为:

$$S = \pi r^2 \tag{6-2}$$

式中　S——大豆种子的迎风面积,m^2;

　　　r——大豆种子的半径,m。

6.2.3　大豆的启动机制

6.2.3.1　大豆种子的启动过程

在气流扰动作用下,大豆种子首先被拖到清理口附近,然后进入风道口附近。吸拾风道口处的负压相对较大,大豆种子在负压强力作用下被吸起。大豆被吸起然后通过管道收集到收集箱中。

6.2.3.2　大豆在气流中的受力分析

当气体流过大豆的表面时,气流将对大豆施加一个力,受力分析如图 2-5 所示。在流体力学中,在气流方向上产生的表面合力 F 可以分解为两个方向上的力,被称为上升力的向上移动的驱动力 L 和水平移动的推力。

1. 气流阻力

气流对大豆的阻力主要由两部分组成,一部分是气体对大豆物理表面产生的摩擦阻力 D_f;另一部分是气流对大豆物理表层产生的压强阻力 D_p。总的气流阻力可以表示为:

$$D = D_f + D_p \tag{6-3}$$

通常,压强阻力与物体的形态和截面面积,以及摩擦阻力有关。对于研究的大豆,因为其近似球体,所以其对摩擦阻力和压强阻力影响相同。

气流的总阻力计算公式表示如下:

$$D = C_D \frac{\rho U^2}{2} A \tag{6-4}$$

式中　C_D——总的阻力系数,与雷诺数相关;

　　　U——气流的流速,m/s;

　　　ρ——流体的密度,kg/m^3;

　　　A——物体的迎流面积,m^2。

2. 气流升力

气流对大豆作用一个合力,合力会对大豆分解产生一个上升力,上升力的公式表示为:

$$L = C_{\mathrm{L}} \frac{\rho U^2}{2} A \tag{6-5}$$

式中　C_{L}——升力系数,在湍流情况下,取 0.18;

　　　　A——垂直于流速方向的截面面积,m^2。

　3. 大豆重力和浮力

　大豆的重力及浮力的合力可以表示为:

$$G = (\rho_{\mathrm{s}} - \rho) V g \tag{6-6}$$

式中　ρ_{s}——大豆的密度,$\mathrm{kg/m}^3$;

　　　　ρ——气体的密度,$\mathrm{kg/m}^3$;

　　　　V——大豆的体积,m^3。

6.2.3.3　大豆启动时的受力分析

大豆启动时的受力分析同第 2 章 2.2.3.1 部分所述。

6.2.3.4　大豆被吸拾时的受力分析

大豆被吸拾时的受力分析同第 2 章 2.2.3.1 部分所述。

6.2.4　大豆的重力沉降机制

在清种过程中,大豆首先进入清种口然后到达风道,通过风道加速,并高速进入收集箱。在收集箱内,大豆受风机吸气流的扰动,不停地移动。最终,经过一段时间后大豆在自身重力的作用下沉积在收集箱底部,称作重力沉降原理。物体无论大小,都具有重力。只要经过有效的时长,直径大于 75 $\mu\mathrm{m}$ 的物体在自身重力的作用下都可以有效沉降。大豆的平均直径为 7.398 mm,理论上,当风机停止工作后,在自身重力的作用下,大豆完全可以迅速沉降下来。

当大豆开始做自由落体运动时,可以认为大豆在竖直方向的速度 $v_y = 0$。大豆在竖直方向上主要受到重力及浮力的合力 G 和气动阻力 D。由于起始阶段大豆在竖直方向的起始速度 $v_y = 0$,所以起始阶段大豆的气动阻力 $D = 0$,即起始阶段大豆的受力为

$$F_1 = G = \frac{4\pi r^3 (\rho_{\mathrm{s}} - \rho) g}{3} = \frac{\pi d_1^3 (\rho_{\mathrm{s}} - \rho) g}{6} \tag{6-7}$$

式中　F_1——大豆在初始阶段竖直方向上所受的合力,N;

　　　　d_1——大豆的直径,m。

当大豆开始做自由落体运动之后,大豆在竖直方向上的速度发生变化,将大豆在竖直方向与气流产生的速度称为沉降速度。同时在竖直方向上产生了气动阻力,气动阻力的方向与速度的方向相反,可得关系式:

$$F_1 = G - D = ma = m \frac{\mathrm{d}v_y}{\mathrm{d}t} \tag{6-8}$$

式中　D——大豆所受的气动阻力,N;

　　　　m——大豆的质量,kg。

6.2.4.1　大豆的加速运动过程

大豆做加速运动时,大豆在竖直方向的速度 v_y 逐渐增加,根据速度和气动阻力的关

系,大豆在竖直方向上产生的气动阻力 D 也增加,即

$$D = C_D \frac{\rho v_y^2}{2} A \tag{6-9}$$

式中　D——气动阻力,N;

　　　C_D——总的阻力系数,与雷诺数相关;

　　　ρ——气体的密度,kg/m^3;

　　　v_y——大豆在竖直方向的速度,m/s;

　　　A——大豆的迎风面积,m^2。

由于收集箱尺寸较小,大豆在收集箱中做加速运动的时间很短,对大豆整体的沉降影响很小,所以本书中不对该运动过程进行计算。

6.2.4.2　大豆的匀速运动过程

大豆做完加速运动后,紧接着就要做匀速运动,所以大豆的沉降速度约等于大豆在竖直方向的速度,$v_s \approx v_y$。当大豆在竖直方向速度保持不变时,竖直方向的合力为零,即

$$F_1 = 0 \tag{6-10}$$

$$G = D \tag{6-11}$$

将式(6-7)和式(6-9)代入式(6-11)可得:

$$\frac{\pi d_1^3 (\rho_s - \rho) g}{6} = \frac{C_D \rho \pi d_1^2 v_y^2}{8} \tag{6-12}$$

将气动阻力系数、大豆参数,代入式(6-12)中,对 v_y 进行求解可得:

$$v_y = \sqrt{\frac{4 d_1 (\rho_s - \rho) g}{3 \rho C_D}} = 11.36 \text{ m/s} \tag{6-13}$$

总之,当收集箱中的气流扰动速度低于 11.36 m/s 时,可以认定进入收集箱的大豆能够利用大豆受到的地球引力沉积到收集箱底部。

6.3　空气的物理性质和流动规律

6.3.1　空气的物理性质

6.3.1.1　空气的密度

通常我们定义,单位体积内气体的质量与体积的比率称为空气的密度,即

$$\rho = \frac{dm}{dV} \tag{6-14}$$

式中　ρ——空气的密度,kg/m^3;

　　　m——空气的质量,kg;

　　　V——空气的体积,m^3。

在本研究中,根据大豆播种节气,一般假设工作时的气体温度为 18 ℃,大气压力取一个标准大气压,空气密度取 1.213 kg/m^3。

6.3.1.2　空气的黏性

真实状态下的空气不是理想气体,是典型的黏性流体。流体黏性内摩擦定律即

$$\mu = \frac{\tau}{\dfrac{\mathrm{d}v}{\mathrm{d}n}} \tag{6-15}$$

式中　$\dfrac{\mathrm{d}v}{\mathrm{d}n}$——速度梯度;

　　　τ——单位面积上的摩擦力。

6.3.1.3　空气的压缩性

空气在压强作用下是可以压缩的,其可压缩程度,用弹性模量 E 表示。空气是流体气体中的一种。理想气体状态方程即

$$pV = nRT \tag{6-16}$$

式中　p——气体的绝对压力,Pa;

　　　V——气体的体积,m^3;

　　　n——气体的物质的量,mol;

　　　R——气体常量,本研究取 $R = 287\ \mathrm{N \cdot m \cdot kg \cdot K}$;

　　　T——气体热力学温度,K。

6.3.2　空气的流动性

6.3.2.1　空气的定常流动和非定常流动

空气是流体气体中的一种,空气的流动可以分成两种:定常流动和非定常流动。在负压风机开始工作和结束工作时,空气的物理量变化很大,此时应认为空气的流动是非定常流动。在负压风机正常工作的状态下,空气的物理量变化不大,此时应认为空气的流动为定常流动。本研究为了计算方便,对空气以定常流动进行计算分析。

6.3.2.2　空气的流量和截面平均速度

一般情况下,空气的流量可以定义为:在某单位时间内,通过选取的某截面的流量。表达式为:

$$Q = \int_A vn\mathrm{d}A \tag{6-17}$$

式中　v——气体流动时的速度,m/s;

　　　n——选取的截面外法线的单位矢量;

　　　$\mathrm{d}A$——选取的截面面积微元,m^2。

6.3.2.3　空气的层流和湍流

空气进行流动时,如果空气相互接近的两层之间互不干扰且有规律,则把这种流动叫作层流。空气进行流动时,如果空气的质点杂乱无章且没有规律,则把这种流动叫作湍流。人们常使用雷诺数来说明空气的流动是层流还是湍流。雷诺数数学表达式为:

$$Re = \frac{vL}{\nu} \tag{6-18}$$

式中　Re——雷诺数;

　　　v——截面的平均流速,m/s;

　　　L——长度特征,m;

　　　ν——流体运动黏性系数,m²/s。

　　流体通过圆形断面管道时其雷诺数的经验值为 $Re \approx 2\,320$。当 $Re < 2\,320$ 时,空气的流动认为是层流;当 $Re > 2\,320$ 时,空气的流动认为是湍流。若流体通过非圆形断面管道,L 取该非圆形断面的水力直径 d_H,数学表达式为:

$$d_H = \frac{4A}{S} \tag{6-19}$$

式中　A——非圆形断面的面积,m²;

　　　S——非圆形断面上与流体接触的固体周长,m。

6.4　自动清种系统工作原理及方案设计

　　自动清种控制系统主要控制风机的开、关及时长。清种程序启动时,电动机接通电源,自动清种系统开始清理残余种子,存种腔内的剩余籽粒通过管道被吸附到收集箱中,风机打开时间达到预先设定的时长后,控制系统关闭电源,清种风机停止工作,清种结束。自动清种系统总体方案见图6-1。

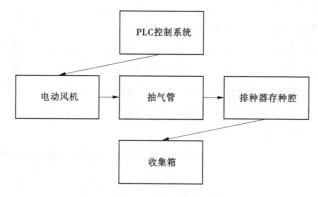

图6-1　自动清种系统总体方案

6.5　清种口结构设计

　　采购的窝眼轮式排种器不具备自动清种功能,需要技术人员打开清种口,手动清种,既费时费力,还容易掉落种子,影响育种工作的准确性。因此,需要对现有的窝眼轮式排种器进行改进,重新设计清种口等组件以实现自动清种的功能。

6.5.1　清种口设计指标

　　清种口的设计需要考虑到气流速度分布、能量损失、风道最小风速、安装位置等。性能指标主要考核一次清种效率,性能评估需要进行实际工况测试。

　　根据狭管效应理论[186-188],由式(6-20)可知,理想气体状态下,流体的机械能守恒。当流体运动速度发生变化时,可以将式(6-20)推导成式(6-21),即流体的速度发生变化前后,能量守恒。因此,当气流由排种器存种腔流入清种管道时,由于腔内容积相对较大,管道内直径相对较小,空气质量不能堆积,于是需要加速通过管道,气流速度增大;当空气流出管道后,由于种子收集箱容积突然增大,气流速度骤减。由此,设计清种口时,考虑狭管效应,将清种口设计成带有一定扁平率的狭管,增加种子在管道内的流速,使其能够迅速流出,当其流出管道后,由于种子收集箱的大体积缘故,种子速度迅速下降,沉积到收集箱底部。

$$P + \frac{1}{2}\rho v^2 + \rho gh = C \tag{6-20}$$

式中　P——流体某点的压强,Pa;

　　　v——流体该点的流速,m/s;

　　　ρ——流体密度,kg/m^3;

　　　g——重力加速度,m/s^2。

$$P_1 + \frac{1}{2}\rho v_1^2 + \rho gh_1 = P_2 + \frac{1}{2}\rho v_2^2 + \rho gh_2 \tag{6-21}$$

6.5.1.1　气流速度分布

　　清种口中气流速度分布对清种装置的清种效率起决定性作用,同时,只有气流速度大于大豆最低启动速度时,大豆才能被吸拾走。清种口范围内的存种区域气流速度须是大豆启动速度的 1.5 倍以上,即

$$v_s \geqslant 1.5 v_q \tag{6-22}$$

式中　v_s——清种口气流速度设计值,m/s;

　　　v_q——大豆最低启动速度,m/s。

6.5.1.2　风道出口最大风速

　　风道出口最大风速设计值应该大于大豆的沉降速度,一般应设计为大豆沉降速度的2~4 倍,即

$$v_{max} = \frac{Q_{max}}{S} \geqslant n v_s \tag{6-23}$$

式中　v_{max}——风道最大速度,m/s;

　　　Q_{max}——风机最大流量,m^3/s;

　　　S——风道截面面积,m^2;

　　　n——放大倍数;

　　　v_s——大豆的沉降速度,m/s。

6.5.2　清种口结构参数

　　为了达到最好的清种效果,结合现有排种器的结构,需要先对排种器进行密封,然后设计清种口的结构。密封件结构的三维模型如图 6-2 所示。其中,清种口的主要参数如

图 6-3 所示。

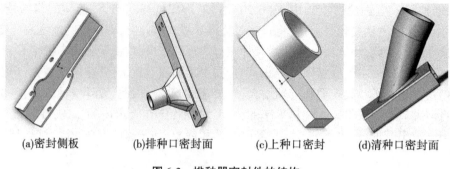

(a)密封侧板　　　(b)排种口密封面　　　(c)上种口密封　　　(d)清种口密封面

图 6-2　排种器密封件的结构

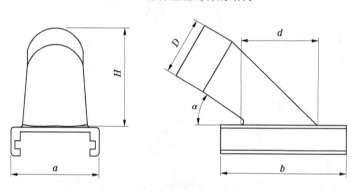

a—密封面宽度;*H*—清种管垂直高度;*D*—连接口直径;*α*—清种管倾斜角度;*b*—密封面长度;*d*—出种口直径

图 6-3　清种口的主要参数

6.5.3　清种口结构参数分析

6.5.3.1　安装面参数

考虑原有清种口是长方形,为保证接触面的密封性,按照排种器的厚度设计安装面的宽度;以原清种口的长度为准,放大 1.2 倍,设计安装面的长度;考虑到 3D 打印过程中的精度误差,所有尺寸放大 1.1 倍,保证接触面的密封性能。

6.5.3.2　清种口直径

结合原排种器清种口的宽度、大豆粒径以及气流通过清种口的速度等因素,将清种口的直径设计为 36 mm。

6.5.3.3　倾斜角 *α*

倾斜角的设计,首先考虑上种时种群的堆积情况,倾斜角过大,种群散布区域大,堆积效果差,窝眼的充种效果变差,容易造成漏播,但此时清种相对容易。倾斜角增大,种群易于堆积,能够有效改善充种的效果,但不利于清种,而且倾斜角越小,越容易造成设计上的结构干涉。因此,综合考虑,倾斜角 *α* 取值 30°。

6.5.3.4　狭管参数

为增加清种效果,将清种口衔接段的风道设计成狭管状,有利于产生"狭腔效应",即增大空气流经狭管处的风速,从而增加对大豆的吸拾力。狭管长度设计为 70 mm(两个圆切面中心点距离),加上接头圆管长度,与排种器上壳面平齐,既美观,又有利于安装调试。

　　狭管的宽度和清种口保持一致,有利于风道吸拾种子,设计为 36 mm。狭管的高度设计为 16 mm,而单粒大豆的平均直径为 7.398 mm,实际工作中,每小区播种完成后,残留种子很少,在清种风道高速吸拾大豆的状态下,能够同时容纳 2 粒大豆并排通过狭管最窄处,满足快速清种的要求。

6.5.3.5　接头圆管直径

　　接头圆管的直径以及长度,主要考虑安装风管的技术要求,直径设计成与清种口直径一致的 36 mm;因为紧固卡箍宽度在 12~15 mm,所以接头圆管长度设计为 20 mm,加上狭管长度,正好与排种壳体上表面平齐。

6.6　清种口流场分析

　　本研究将设计的狭管清种口与常用的直角圆弯管清种口做对比流场分析,为研究方案的改进提供参考依据。

　　(1)物理模型。

　　构建清种口的物理结构模型,方便进行流场分析。根据 Fluent 软件的分析规则,不考虑清种口的壁厚,以空气流体所通过的区域为计算域建立清种口的模型用于分析。三维管道模型的建立,以及模型转化为二维平面进行简化计算,具体讨论详见第 2 章 2.2.3 部分图 2-6、图 2-7。

　　(2)控制方程。

　　流场的控制方程详见第 2 章 2.2.3.2 部分所述。

　　(3)两种清种口方案的流场分析。

　　网格划分采用非结构的四边形网格,为了使管道拐角处的计算更加精确,采用了局部网格加密技术。网格数量分别控制在 19 000 和 5 000 左右,这大大简化了计算用时和计算量。两方案清种口的网格划分情况详见第 2 章 2.2.3.2 部分图 2-8。

　　网格模型构建后,在计算前设置边界条件。本文采用压力入口、压力出口的边界条件进行计算。根据经验值,入口静压设为标准大气压,出口相对压力设为-2 000 Pa。在一定的合理假设下,k-ε 标准双方程能够很好地预测气流速度和温度等数值,所以仿真选择 k-ε 标准双方程作为湍流计算模型。计算到大约 400 步时收敛,获得结果。所得速度云图和压力云图详见第 2 章 2.2.3.2 部分图 2-9~图 2-12。

　　由图 2-9 可以看出,沿管道的轴线进行观察,狭管清种口入口和出口处的速度较小,而管道中间部分的速度比较大,有类似湍流的情况;由图 2-10 可以看出,沿弯管的径向观察,速度沿径向由内侧到外侧逐渐减小,产生近似层流的现象。但是,对比两个清种口的流速数值,图中 1、2、3 相同位置处可发现,狭管清种口 1 处速度范围为 48.77~97.53 m/s,2 处速度范围为 341.1~487.7 m/s,3 处速度范围为 48.77~146.3 m/s。直角弯管清种口位置 1 处速度范围为 50.5~75.5 m/s,位置 2 处速度范围在 63.12~126.2 m/s,位置 3 处速度范围为 25.25~37.87 m/s。根据之前计算结果,吸拾大豆所需最小风速为

21.075 m/s,显然,在相同压力条件下,狭管清种口的速度要远大于直角弯管的速度,狭管清种管道内残留种子在相同条件下,更有利于被扬起,沿狭管清种口的轴线方向自下而上运动。

观察图 2-11 和图 2-12 两个清种口的压力云图可以发现,狭管清种口入口处和出口处压力大,中间处压力小,沿狭管轴线自下而上,有明显的梯度变化,有利于种子自下而上运动。直角弯管清种口进口处和出口处的压力大,但是其压力梯度变化是沿径向改变的,管道外缘压力大于内缘压力,种子易堆积在管道外缘拐弯处,不利于种子的吸出。

因此,采用狭管清种口更有利于存种腔中残余籽粒的清理。从进口处进入的气流大部分在管道中间流动从出口流出,少部分沿管道壁流动。狭管清种口的进口处气流速度达到 48.77~195.1 m/s,狭管处气流速度达到 97.53~438.9 m/s,而且速度分布比较均匀,出口处气流速度达到 48.77~146.3 m/s。气流速度指标达到了清种的要求。

6.7　种子在清种管内的 EDEM 分析

通过对清种口所做的流场分析,根据第 4 章 4.6 节的参数设置,适当调整和设置参数,对狭管清种口进行清种过程 EDEM 仿真。

通过观察图 6-4 可知,清种管内的种子在一个大气压强差的情况下,都能够顺利飞出清种狭管,种子没有滞留堆积现象,说明设计的狭腔清种管符合设计要求。观察图 6-5 可知,种子由静止状态加速到约 2.4 m/s,用时约 0.2 s,种子在这个速度下通过狭管部位至清种管出口处,种子飞出管道后,由于种子箱容积突然增大,种子飞行速度开始减小,约用时 0.3 s 种子速度逐渐降低至 0。整个过程大约用时 0.6 s,说明残余种子能够在很短的时间内被清理完毕,清种效果好。

图 6-4　清种管仿真分析

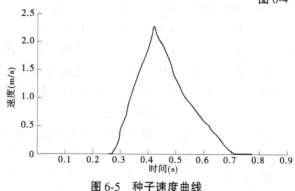

图 6-5　种子速度曲线

6.8　本章小结

（1）通过对大豆的物理性质、启动机制、沉降机制进行分析，对大豆各状态下进行了受力分析，获得了大豆吸拾的相关参数：当清种口截面风速大于 21.075 m/s 时，排种器存种区的大豆可以被吸拾起，并进入清种风道。当吸拾风道处的负压绝对值大于 34.472 Pa 时，清种装置可以将排种器存种区的大豆完全吸拾进收集箱内。

（2）通过分析清种口的流场分布，确定了狭管清种口方案的可行性；分析清种口相关结构参数，确定了清种口的设计方案；采用狭管清种口，气流流速明显增强。

（3）通过对狭腔清种管内的种子进行 EDEM 仿真分析，验证了所设计的清种系统能够将排种器存种腔内残余种子清理干净。

第7章　样机生产装配试验与验证

本章以电驱动大豆小区播种机主要衡量指标为试验指标,即漏播指数、重播指数、株距变异系数,控制系统的稳定性,对播种机性能进行综合试验,以确定其是否满足实际应用要求。

7.1　开沟器室内试验

7.1.1　试验条件及方法

在待测土槽小区内,对应三个开沟器的播种行,分别设置为 1、2、3 编号,根据所播株距,每行选择 10 个测量点,测量种子的播种深度。计算所有测试点中,大豆播深在(40±5)mm 区间内的测试点占总测试数的比值。根据中华人民共和国农业行业标准《播种机质量评价技术规范》(NY/T 1143—2006),计算播种深度合格率(H),计算公式如下:

$$H = \frac{H_1}{H_2} \times 100\% \tag{7-1}$$

式中　H——播种深度合格率(%);

　　　H_1——符合规定的点数,个;

　　　H_2——总测量的点数,个。

7.1.2　试验结果及分析

采用本书自行研制的电驱动大豆小区播种机(见图 7-1)进行田间试验,对三行开沟器对应编号 1、2、3 的工作行,分别随机挑选 1.5 m 的长度,随机检测任一挑选长度内对应点的播种深度,数据记录如表 7-1 所示。

图 7-1　二代样机实物

表 7-1　播深试验结果

检测区间	行序		
	1	2	3
1	36	38	37
2	38	40	41
3	37	41	42
4	35	39	39
5	41	36	38
6	39	38	41
7	34	41	37
8	41	37	36
9	40	42	38
10	37	39	40
平均播深(mm)	37.8	39.1	38.9
播深合格率	90%	100%	100%

根据开沟器播种深度合格率测试结果分析,播深试验数据良好,平均播深变化范围为 37.8~39.1 mm,播深合格率为 90%~100%,达到了播种机的作业要求。

7.2　自动送种系统的台架试验

7.2.1　试验条件

试验对象为大豆种子,选用皖豆 23,百粒重 24 g,含水率低于 12%,泊松比为 0.413,剪切模量为 45.56 MPa。试验称重仪器为电子天平,分别设置 24 g、48 g、72 g、96 g、120 g 等 5 种份量。

进行室内台架试验,上种试验流程模拟小区连续播种的作业步骤,每完成一个种杯的上种,记录上种过程中的种杯出种口偏移量、种子完全进入导流管的时间、种子的破碎率的情况,待所有种杯的种子上种完成后统计每个种杯的工作性能。针对不同份量下上种装置的性能进行试验,每组试验 20 次。

7.2.2　准确性

每次供种圆盘转动时,种杯的排种口均能准确地转至外托盘排种口上方,且完全打开,要求左右偏移误差小于 2 mm。供种试验中,供种装置转动 12 次,完成 12 组小区播种,每次供种结束后,种杯排种口均在外托盘排种口上方,自动送种装置供种准确。

每次试验总偏移量合格率的计算式为:

$$A_1 = \frac{n_1}{N_1} \times 100\% \tag{7-2}$$

式中　A_1——每次试验总偏移量合格率(%);

　　　　n_1——每次试验总偏移量小于等效半径的次数;

　　　　N_1——试验次数。

7.2.3　可靠性

自动送种装置进行供种试验时,对每组种杯内的未破损种子进行质量测定,计算无破碎率。种子无破碎率的计算公式为:

$$A_2 = \left(1 - \frac{m_2}{M_2}\right) \times 100\% \tag{7-3}$$

式中　A_2——种子无破碎率(%);

　　　　m_2——每组种杯中破损的种子质量均值,g;

　　　　M_2——每组种杯中种子的总质量,g。

自动送种试验结果如表 7-2 所示。

表 7-2　自动送种试验结果

组别	份量(g)	偏移量		种子破碎	
		均值(mm)	合格率(%)	破碎个数均值(粒)	合格率(%)
1	24	1.20	99.70	0	100
2	48	1.22	99.60	0	100
3	72	1.25	99.50	0.82	97.27
4	96	1.33	99.40	1.26	96.85
5	120	1.40	99.10	1.29	97.42
均值		1.28	99.46	0.67	98.31

7.3　自动排种系统的台架试验

7.3.1　试验方法

为检验排种器不同转速下的试验效果,验证小区电动播种机高填充式排种器设计方案的可行性及排种性能,试验以 STB-700 型播种试验台为载体(见图 7-2),排种器选择郑州天艺公司 1 号高填充式排种器,选用显控 FGs-64MT-A 可编程控制器,利用编码器采集传送带速度信号并将其传输至可编程控制器,同时在显示屏上显示。PLC 通过数学模型计算后利用调节步进电机驱动器发射的脉冲来调整步进电机输出轴旋转速度,以达到调控株距均匀的目的。

图 7-2　试验装置实物图

7.3.2　试验设计

　　以中黄系列大豆为试验对象,其中中黄 30,百粒重约为 18 g;中黄 25,百粒重约为 20 g;中黄 39,百粒重约为 22 g;中黄 13,百粒重约为 24 g;中黄 55,百粒重约为 26 g。受排种器试验台工作转速范围的限制,设定传送带转速为 0.30 m/s、0.50 m/s、0.70 m/s、0.90 m/s、1.10 m/s 5 个水平;株距选择 7 cm、8 cm、9 cm、10 cm、11 cm、12 cm 和 13 cm。由于试验台传送带长度的限制,设定标定试验的距离 $S = 3$ m 并标记起始点和终点,让皮带均匀转动后电控排种系统开始工作,皮带到达预定点时随即关闭试验台和排种系统的开关。据此方案,通过设置不同播量参数,试验并记录数据。测量实际排种株距 L',按照国标《单粒(精密)播种机试验方法》(GB/T 6973—2005)和行业标准《单粒(精密)播种机技术条件》(JB/T 10293—2001)的要求统计株距变异系数、重播指数和漏播指数等数据来衡量排种器排种的性能。

　　按照上述设计和方法进行试验,图 7-3 为试验台实际播种效果,将所有试验数据进行整理后得到如表 7-3 所示的试验结果。

图 7-3　试验台实际播种效果图

表 7-3 电控排种装置试验台试验结果

组别	设定理论株距 L(cm)	传送带工作速度 v(m/s)	实际排种株距 L'(cm)	重播指数 D(%)	漏播指数 M(%)	株距变异 系数 C(%)
1	7.00	0.30	7.00	0.89	0.10	0.165
2	7.00	0.50	7.00	0.90	0.07	0.251
3	7.00	0.70	7.00	0.92	0.05	0.326
4	7.00	0.90	7.00	0.94	0.02	0.394
5	7.00	1.10	7.01	0.95	0.01	0.442
6	8.00	0.30	8.00	0.87	0.11	0.158
7	8.00	0.50	8.01	0.88	0.09	0.243
8	8.00	0.70	8.00	0.90	0.08	0.314
9	8.00	0.90	8.00	0.91	0.05	0.376
10	8.00	1.10	8.00	0.93	0.04	0.429
11	9.00	0.30	9.00	0.86	0.14	0.141
12	9.00	0.50	9.00	0.87	0.12	0.232
13	9.00	0.70	9.00	0.89	0.11	0.304
14	9.00	0.90	9.00	0.90	0.08	0.358
15	9.00	1.10	9.00	0.92	0.06	0.407
16	10.00	0.30	10.00	0.82	0.15	0.126
17	10.00	0.50	10.00	0.85	0.13	0.212
18	10.00	0.70	10.00	0.87	0.12	0.273
19	10.00	0.90	10.00	0.88	0.10	0.324
20	10.00	1.10	10.00	0.91	0.07	0.376
21	11.00	0.30	11.00	0.80	0.17	0.102
22	11.00	0.50	11.00	0.82	0.14	0.186
23	11.00	0.70	11.00	0.85	0.13	0.256
24	11.00	0.90	11.00	0.87	0.11	0.299
25	11.00	1.10	11.00	0.90	0.08	0.337

续表 7-3

组别	设定理论株距 L(cm)	传送带工作速度 v(m/s)	实际排种 株距 L'(cm)	重播指数 D(%)	漏播指数 M(%)	株距变异 系数 C(%)
26	12.00	0.30	12.00	0.79	0.20	0.086
27	12.00	0.50	12.00	0.80	0.16	0.161
28	12.00	0.70	12.00	0.84	0.15	0.227
29	12.00	0.90	12.00	0.85	0.14	0.280
30	12.00	1.10	12.00	0.88	0.12	0.326
31	13.00	0.30	13.00	0.78	0.22	0.075
32	13.00	0.50	13.00	0.79	0.19	0.144
33	13.00	0.70	13.00	0.81	0.17	0.202
34	13.00	0.90	13.00	0.84	0.15	0.245
35	13.00	1.10	13.00	0.86	0.13	0.277

7.4　自动清种系统的台架试验

7.4.1　自动清种系统试验台设计方案

清种装置试验台设计的目的是实现清种装置的清种性能试验和数据测量,以完成对新设计方案的测试和评价。其中,性能试验是指在试验台或实车运行时,风机在一定转速下清种口对大豆种子的一次吸清率。根据具体需实现的功能,清种装置试验台需要风机、排种器、清种口、数据测仪器、电机调速器、电气控制设备。电器开关盒连接风机,风机入口接收集箱,收集箱连接待测试的清种口,清种口安装在排种器上。密封后的排种器如图 7-4 所示,清种系统台架如图 7-5 所示。

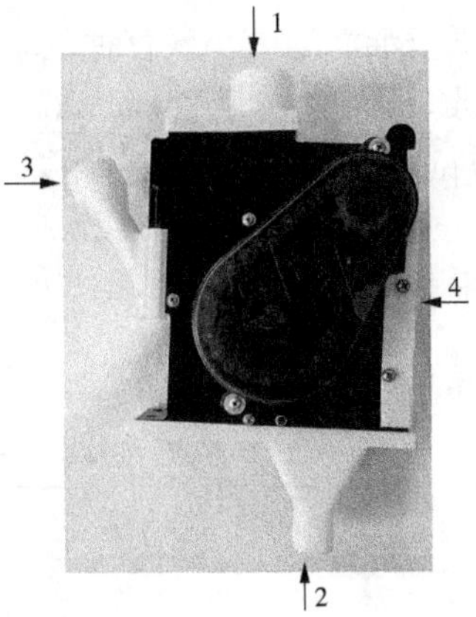

根据前期计算,每个排种器中所需负压为

1—上种口; 2—排种口; 3—清种口; 4—密封板

图 7-4　密封后的排种器

2 kPa,三个排种器共需 6 kPa,考虑到密封性能的影响及功率余量,选取风机最大负压 1.2 kPa,B-D 型电机作为清种的动力源,电机的额定功率为 0.4 kW,额定转速为 15 000 r/min,额定电压为 12 V。排种器选用改造后的窝眼轮式排种器。收集箱选用长、宽、高分别为 38 cm、27 cm、16 cm 的塑料材质密封箱,上密封盖可以打开,方便进行回收种子的清理。清种口和风道软管连接,风道软管和收集箱进口连接,能够让排种器存种腔的残余种

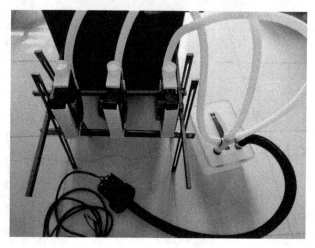

图 7-5　清种系统台架

子全部被吸拾到收集箱内。

7.4.2　清种时长的测定

　　自动清种系统的清种时长的设定应依据两个条件：一个是电机功率的大小，另一个是存种腔内残余种子数量。如果电机启动时长太短，可能导致清种不干净，造成残留种子与下一小区种子混淆，播种试验失败；如果电动机运转时间过长，可能导致电能损失过大。因此，应依据大豆的品种、残留种子数量和电动风机的功率等因素设定清种时长。

　　根据黄淮海地区小区育种试验经验，设计测定风机清种时间试验方案，将排种器内残留种子数量分别设定为 30 粒、40 粒、50 粒、60 粒 4 个等级，测试其吸拾干净所需要的时长，重复试验 5 次，取平均值，如表 7-4 所示。

标准差：

$$\sigma = \sqrt{\frac{\sum n_i X_i^2}{n_2} - \overline{X^2}}$$

(7-4)

变异系数：

$$C = \sigma \times 100$$

(7-5)

表 7-4　清种时长测定

（单位：s）

次数	30 粒	40 粒	50 粒	60 粒
1	8.2	9.5	10.1	10.6
2	8.1	9.4	10.2	10.5
3	8.3	9.6	10.9	10.4
4	8.9	9.3	10.1	10.6
5	8.1	9.4	10.2	10.7
平均值（s）	8.12	9.44	10.1	10.56

　　观察表 7-4 可得，研制的自动清种系统能够在极短的时长彻底清除排种器内的残留种子，所需清种时间短，符合黄淮海地区小区育种试验的实际需求。

7.4.3　自动清种系统试验方案的设计

7.4.3.1　试验材料及设备

试验用大豆为皖豆 23,百粒重为 24 g,种子净度为 99.0%,平均粒径为 7.398 mm,含水率低于 12%。PLC 采用国产显控 FGs-64M,改进后的窝眼轮式排种器,B-D 型电机 (0.4 kW)。

7.4.3.2　试验方法

写入 PLC 的清种控制程序的时长参数分别设定为 8.2 s、9.5 s、10.2 s、10.6 s,分别测定 4 个时长参数下的对 4 个残留大豆籽粒数量下的实际清种效果,吸拾干净为"Y",吸拾不干净为"N",试验重复测试 5 次。试验结果如表 7-5 所示。

表 7-5　自动清种系统性能试验结果

清种时长	4.2 s	5.5 s	6.2 s	6.6 s
1	Y	Y	Y	Y
2	Y	Y	N	N
3	Y	N	Y	N
4	Y	Y	Y	Y
5	Y	Y	Y	Y

7.5　整机田间验证试验

7.5.1　自动送种系统的田间试验

试验参照室内台架试验的标准进行设计,选用皖豆 23,百粒重 24 g,含水率低于 12%,泊松比为 0.413,剪切模量为 45.56 MPa。试验称重仪器为电子天平。分别设置 20 g、28 g、36 g、44 g、52 g、60 g、68 g、76 g、84 g、92 g、100 g、108 g 12 组份量的种杯。

进行田间小区连续播种的作业步骤:每完成一组种杯的上种,记录上种过程中的种杯出种口偏移量、种子的破碎率等数据,待所有种杯的种子上种完成后统计每组种杯的准确性和可靠性,试验重复 5 次,取平均值。试验结果如表 7-6 所示。

7.5.2　自动排种系统的田间试验

试验设计及材料参照自动送种系统田间试验;试验播种机为本研究研制的电动大豆小区播种机样机。试验田位于郑州容大科技股份有限公司武陟基地,选用新耕整后田地。天气晴朗,微风,温湿度适宜。选择各行株距变异系数、漏播指数和重播指数为测试指标。小区播种机操作界面关键参数设置为:排种器窝眼数设置为 22,株距设置为 0.08 m、0.1 m、0.12 m。

表 7-6　自动送种田间试验结果

组别	份量(g)	偏移量		种子破碎	
		均值(mm)	合格率(%)	破碎个数均值(粒)	合格率(%)
1	20	1.21	99.72	0	100
2	28	1.23	99.71	0	100
3	36	1.26	99.67	0	100
4	44	1.25	99.61	0	100
5	52	1.33	99.57	0	100
6	60	1.32	99.49	0.81	96.76
7	68	1.35	99.51	0.83	97.17
8	76	1.37	99.44	1.21	96.18
9	84	1.38	99.38	1.24	96.46
10	92	1.41	99.31	1.35	96.48
11	100	1.39	99.13	1.42	96.59
12	108	1.42	98.78	1.46	96.76
均值		1.33	99.44	0.69	98.03

7.5.2.1　试验方法及评价指标

按照国标《单粒(精密)播种机试验方法》(GB/T 6973—2005)和农业行业标准《单粒(精密)播种机作业质量》(NY/T 503—2015)要求统计株距变异系数、重播指数、漏播指数的数据来衡量播种机的性能。

以每长 10 m、宽 2.4 m 为 1 个播种小区,设置 3 个播种小区,每小区播 3 行。播种后对每个小区内所播大豆种子进行随机抽样检验,分别计算株距变异系数、漏播指数和重播指数。标准株距分别设置为 0.08 m、0.1 m、0.12 m 三种。

7.5.2.2　株距变异系数

试验时,随机抽验所播小区内任意一行的 2 m 长度,查验该长度内所含大豆种子粒数,如 2 m 界限两端均空粒,则所查总数加 1。根据所查大豆粒数,计算出该抽验长度的平均株距,随机抽验 5 次,并最终计算出各行的株距变异系数。

$$\overline{L} = \frac{\sum\limits_{i=1}^{P} L_i}{P} ; S = \sqrt{\frac{\sum\limits_{i=1}^{P} (L_i - \overline{L})^2}{P-1}} ; C = \frac{S}{\overline{L}} \times 100\% \qquad (7\text{-}6)$$

式中　$\overline{L}$——每行的平均株距,m;

　　　L_i——每行的标准株距,m;

　　　S——标准差;

　　　P——行序号;

C ——各行的株距变异系数(%)。

7.5.2.3　漏播指数

试验时,随机抽验所播小区内任意一行的 2 m 长度,查验该长度内所含大豆种子粒数,记录所查大豆粒数,随机抽验 5 次,根据标准株距计算应播大豆粒数,并最终计算出各行的漏播指数。

$$\overline{N} = \frac{\sum_{i=1}^{P} N_i}{P}; S_1 = \sqrt{\frac{\sum_{i=1}^{P} (N_i - \overline{N})^2}{P-1}}; M = \frac{S_1}{\overline{N}} \times 100\% \qquad (7-7)$$

式中　$\overline{N}$ ——每行的实际播种粒数;

　　　N_i ——每行的应播粒数;

　　　S_1 ——标准差;

　　　P ——行序号;

　　　M ——各行的漏播指数(%)。

7.5.2.4　重播指数

试验时,随机抽验所播小区内任意一行的 2 m 长度,查验该长度内每穴所含大豆种子粒数是否为单粒,不是单粒则记录,随机抽验 5 次,并最终计算出各行的重播指数。

$$\overline{N_2} = \frac{\sum_{i=1}^{P} N_{2i}}{P}; S_2 = \sqrt{\frac{\sum_{i=1}^{P} (N_{2i} - \overline{N_2})^2}{P-1}}; D = \frac{S_2}{\overline{N_2}} \times 100\% \qquad (7-8)$$

式中　$\overline{N_2}$ ——每行的重播粒数;

　　　N_{2i} ——每行的应播粒数;

　　　S_2 ——标准差;

　　　P ——行序号;

　　　D ——各行的重播指数(%)。

7.5.2.5　试验结果

田间试验数据采集结果如表 7-7 所示。

表 7-7　田间试验数据采集结果

组别	设定理论株距 L(cm)	实际株距 L(cm)	重播指数 D(%)	漏播指数 M(%)	变异系数 C(%)
1	8.00	8.27	0.89	0.12	0.403
2	8.00	8.29	0.89	0.10	0.610
3	8.00	8.30	0.90	0.09	0.782
4	8.00	8.32	0.91	0.06	0.920
5	8.00	8.33	0.96	0.04	1.047

续表 7-7

组别	设定理论株距 L(cm)	实际株距 L(cm)	重播指数 D(%)	漏播指数 M(%)	变异系数 C(%)
6	10.00	10.31	0.86	0.17	0.345
7	10.00	10.33	0.88	0.14	0.541
8	10.00	10.35	0.89	0.13	0.679
9	10.00	10.36	0.89	0.11	0.805
10	10.00	10.38	0.91	0.08	0.920
11	12.00	12.33	0.85	0.25	0.253
12	12.00	12.35	0.85	0.18	0.426
13	12.00	12.38	0.87	0.17	0.575
14	12.00	12.40	0.88	0.15	0.702
15	13.00	13.43	0.88	0.14	0.690
均值			0.88	0.13	0.891

实际播种效果图如图 7-6 所示。

图 7-6　实际播种效果图

7.5.3　自动清种系统的田间试验

7.5.3.1　试验材料及设备

　　试验材料参照自动送种、排种田间试验所选用大豆标准,试验设备为新研制的自动清种系统。

7.5.3.2　试验方法

　　写入 PLC 的清种控制程序的时长参数分别设定为 12 s,测定该时长参数下的每个小区播种后,对 3 个排种器内残留种子的实际清种效果,吸拾干净为"Y",吸拾不干净为"N",试验重复测试 5 次。

7.5.3.3　试验结果

　　自动清种系统田间试验见表 7-8。

表 7-8　自动清种系统田间试验

清种组数	1 号排种器	2 号排种器	3 号排种器
1	Y	Y	Y
2	Y	Y	Y
3	Y	Y	Y
4	Y	Y	Y
5	Y	Y	Y
6	Y	Y	Y
7	Y	N	Y
8	N	Y	Y
9	Y	N	N
10	N	N	N
11	N	N	N
12	N	N	N

7.6　本章小结

分别对自动送种系统、自动排种系统、自动清种系统进行了室内台架试验;对样机和各系统进行了田间验证试验;对室内台架试验和田间验证试验的数据进行了记录和分析。

第 8 章　试验结果分析

8.1　自动送种系统试验结果分析

观察第 7 章试验数据表 7-2,在 24 g、48 g、72 g、96 g、120 g 5 种供量情况下,从试验结果中可以看出,种杯的偏移量合格率在 99.1% ~ 99.7%,种子无破碎上种合格率为 96.85% ~ 100%。所测试项目的性能指标均在 99.4% 以上,具有较好的准确性和较强的可靠性,说明试验所测得的结果能够满足大豆小区播种机送种装置的要求。

影响自动送种可靠性的不利因素主要是试验过程中台架产生的振动对种杯漏种开关片打开的迟滞影响。

8.2　自动排种系统试验结果分析

观察第 7 章试验数据表 7-3,对比第 5 章中试验数据表 5-2 ~ 表 5-4 可以看出,漏播指数由 1.90% 左右降低至 0.15% 左右;当排种器排种轴转速处于中低速状态时,排种器株距变异系数由 7.00% 左右减小到 0.30% 左右,当排种器排种轴处于高速工作状态时,株距变异系数由 10.00% 左右降至 0.40% 左右。重播指数的变化没有漏播指数和株距变异系数变化明显,但也有大幅度降低,由 2.00% 左右下降至 0.85% 左右。实际株距与理论株距基本吻合,其中仅在理论株距为 7 cm、播种机工作速度为 1.10 m/s 时存在 0.01 mm 的误差,误差百分比为 0.14%。

由第 7 章试验数据表 7-3 中可得,电控窝眼轮式排种器的漏播指数基本保持在 0.08% ~ 0.22% 范围内变化;试验所得的株距变异系数数据均小于 3.10% 且变化较小。将表 7-3 中数据通过 Matlab 进行拟合后可得漏播指数拟合图(见图 8-1)、重播指数拟合图(见图 8-2)、株距变异系数拟合图(见图 8-3)。

从图 8-1 可以看到,当传送带速度保持不变时,漏播指数随着株距的增大而增大;当株距保持不变时,漏播指数随着传送带速度的变大而减小。

从图 8-2 可以看到,种子的重播指数随传送带速度的增大而增加,同一速度下,重播指数随着株距的增大而逐渐减小。当株距增大时,PLC 根据数学模型计算,要求相应地排种器排种轴的转速降低,此时排种器充种效果好,重播指数降低。当株距变小时,PLC 根据数学模型计算,要求相应的排种器排种轴转速增大,此时排种器充种效果变差,重播指数上升。所以,当传送带速度不变时,重播指数随着株距的变大而变小;当株距一定时,重播指数随着传送带速度的变大而变大。

从图 8-3 可以看到,当株距一定时,株距变异系数随着传送带速度的变大而逐渐变大;当传送带速度一定时,株距变异系数随着株距的变大而逐渐减小。当株距不变时,随

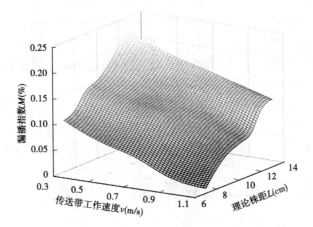

图 8-1　漏播指数随传送带速度和株距变化图

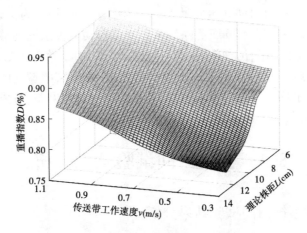

图 8-2　重播指数随传送带速度和株距变化图

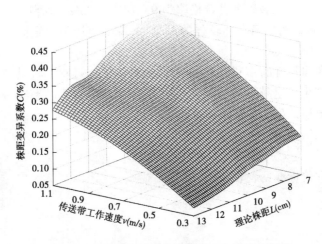

图 8-3　株距变异系数随传送带速度和株距变化图

着传送带转速的增加,根据数学模型计算,相应地排种轴的转速也会增加,而随着排种轴旋转速度的增加,试验台架的振动频率增加导致排种轴工作稳定性变差,所以株距变异系数跟随传送带速度的增加而增加。当传送带速度不变时,随着株距的变大,根据数学模型计算,相应地排种轴的转速会降低,当排种轴转速降低时,试验台架的振动频率减小,排种器工作稳定应提高,所以株距变异指数随株距的变大而减小。

自动排种系统排种控制精度的影响:一个是窝眼轮式排种器自身结构性能对充种性能的不利因素影响到漏播和重播指数增大;另一个是田间行车速度的不稳定和车辆的振动对排种电机造成不利影响,使其对车速信号响应迟滞,造成株距变异系数增大。

8.3　自动清种系统试验结果分析

通过观察第 7 章试验数据表 7-5 可知,大豆粒数越少,清种效果越好,随着大豆粒数的增加,不能彻底清种的次数增加。大豆粒数越多,清种时间的时长设置越应逐渐增大。经过多次试验,考虑到风机启动到压力最大大约需要 4 s 的时间,为保证一次彻底清种,将清种时间设置为 12 s,均能够彻底清除残余种子。自动清种系统能够在所设定的时长内彻底将残留种子吸拾干净,清种效果较好,节省了工作时间,降低了劳动强度。

影响自动清种系统工作可靠性变差的不利因素:一个是窝眼型孔的结构造成种子的卡滞,使其不能被彻底吸拾出去;另一个是整个系统的密封效果差,造成管道内风机压强降低,种子残留过多时,在既定时长内,不能清种干净。

8.4　整机田间试验结果分析

8.4.1　自动清种系统田间试验结果分析

观察第 7 章试验数据表 7-6,从试验结果中可以看出,12 组种杯的偏移量合格率在 98.78% ~ 99.72%,种子无破碎上种合格率为 96.18% ~ 100%。所测试项目的性能指标均在 98% 以上,具有较好的准确性和较强的可靠性,说明该送种装置能够满足大豆小区播种机的送种要求。

影响自动送种可靠性的不利因素:一个是播种机工作过程中机具产生的振动对种杯漏种开关片打开产生了迟滞影响;另一个是田间工作环境造成的系统重心不稳以及系统内阻力的增大对电机产生的失步影响。

8.4.2　自动排种系统田间试验结果分析

播种机株距评价标准见表 8-1。

表 8-1　播种机株距评价标准

项目	合格品	一等品	优等品
重播指数(%)	≤30%	≤25%	≤22%
漏播指数(%)	≤25%	≤20%	≤17%
株距变异系数(%)	≤40%	≤35%	≤30%

观察第 7 章试验数据表 7-7 可知,该小区播种机每行的漏播指数区间为 0.04% ~ 0.25%,重播指数区间为 0.85% ~ 0.96%,株距变异系数区间为 0.253% ~ 1.047%。按照国标《中耕作物精密播种机产品质量分等》(JB/T 51017—1999)(见表 8-1)对电动大豆小区播种机的田间性能验证试验所得数据进行统计分析。该电动大豆小区播种机在 8 cm、10 cm、12 cm 三个理论株距下各项排种指标均达到了国家标准《中耕作物精密播种机产品质量分等》(JB/T 51017—1999)中优等品的标准。试验结果符合农业行业标准《单粒(精密)播种机作业质量》(NY/T 503—2015)和《 单粒(精播)播种机技术条件》(JB/T 10293—2013)的优等标准。

影响排种系统田间试验精度的不利因素主要是播种机进行播种过程中产生的振动和晃动,影响了排种器充种效果,造成漏播和重播指数的增大;田间松软地面对车辆行进产生的阻力,导致车速采集信号的剧烈波动、排种电机的失步,导致株距变异系数的增大。

8.4.3　自动清种系统田间试验结果分析

通过观察第 7 章试验数据表 7-8 可知,大豆残留粒数少于 60 粒时,清种系统能够完全将 3 个排种器内残留种子清理干净;当大豆残留种子粒数大于 60 时,3 个排种器中会有一个或两个出现不能清理干净的现象;当粒数增大到 80 粒以后,清种系统不能将 3 个排种器内残留种子清理干净。清种时间设置为 12 s 时,残留种子越少,清种效果越好。要求前期工作人员准备预播种子时,尽量做到分量精准,既节约种子还能保证清种效果。

影响自动清种系统工作可靠性变差的不利因素:一个是残留种子数量的增多造成种子堆积,有效时间内不能完全清除;另一个是清种系统的密封性,包括上种口、漏种口、清种管道连接处等密封性变差,导致吸拾压强变小,造成不能彻底清种。

8.5　本章小结

(1)对自动送种系统台架试验结果进行了分析,结果表明,该自动送种系统在 5 种不同供量情况下,种杯的偏移量合格率在 99.1% ~ 99.7%,种子无破碎上种合格率为 96.85% ~ 100%。所测试项目的性能指标均在 99.4% 以上,说明设计的自动送种系统能够满足大豆小区播种机上种装置的要求。

(2)对自动排种系统台架试验结果进行了分析,结果表明,该自动排种系统漏播指数基本保持在 0.15% ~ 1.90%,重播指数保持在 0.85% ~ 2.00%,株距变异系数保持在 0.30% ~ 7.00%。说明研制的自动排种系统符合实际工作需求,具有较好的工作可靠性。

（3）对自动清种系统台架试验结果进行了分析，结果表明，大豆粒数越少，清种效果越好，随着大豆粒数的增加，不能彻底清种的次数增加。大豆粒数越多，清种时间的时长设置越应逐渐增大。经过多次试验，为保证一次彻底清种，将清种时长设置为 12 s，均能够彻底清除残余种子。说明自动清种系统可以在设定的时长彻底干净地吸拾残留种子，清种效果较好，节省了工作时间，降低了劳动强度。

（4）对样机各系统的田间验证试验数据进行了统计分析，结果表明，该小区播种机自动送种系统 12 组种杯的偏移量合格率在 98.78% ~ 99.72%，种子无破碎上种合格率为 96.18% ~ 100%，所测试项目的性能指标均在 98% 以上。自动排种系统各行播种的漏播指数范围为 0.04% ~ 0.25%，重播指数范围为 0.85% ~ 0.96%，株距变异系数范围为 0.253% ~ 1.047%。自动清种系统清种时长设定在 12 s 时、残留种子数量少于 60 粒时，3 个排种器均能彻底清种。残留种子越少，清种效果越好。研制的电动大豆小区播种机的各项指标均符合现行国家标准。整机在田间作业时，各系统工作稳定，操作方便，整体操控性能良好。

第 9 章　结论与建议

9.1　结　论

本书以大豆小区播种机的关键系统及装置的研究设计为目标,通过进行自动送种系统、自动播种系统、自动清种系统、整机控制系统、电控开沟系统等配套系统的设计、机制分析、试验验证等工作,得出如下结论:

(1)探讨了行星轮周转轮系的原理,提出了转盘式精准送种的方案,研制了一种采用步进电机驱动、PLC 控制的自动送种系统,设计了有种杯、种杯托盘等装置,一次可以不间断地完成 12 个小区的供种作业,解决了现有小区播种机需要人工供种的问题。采用 EDEM 软件,对设计的种杯投种过程中种子的运动状态进行了仿真分析,结果表明所设计的种杯结构合理,能够有效地完成既定种子的投种任务。设计了送种装置的电控系统,增加了操作的便捷性。针对 24 g、48 g、72 g、96 g、120 g 等 5 种份量的大豆种子进行了自动送种准确性和可靠性台架试验,结果显示种杯的偏移量合格率最小为 99.1%,种子无破碎上种合格率最小为 96.85%。能够满足小区播种机的实际需要,供种可靠。

(2)采用了基于遗传算法模糊控制排种器排种轴转速的方案,建立了基于株距控制的数学模型,解决了排种系统播种控制精度不高的问题。设计了一种采用步进电机驱动、PLC 控制的自动排种系统,以速度传感器的脉冲信号为控制基础,以株距可无级调节为目标设计了控制系统。针对窝眼轮式排种器,采用 ADAMS 软件进行了仿真分析,验证了排种轴的极限转速;对窝眼轮进行了充种过程的运动学分析,采用 EDEM 软件进行了窝眼轮携种过程中种子的运动状态仿真分析,验证了窝眼轮充种运动的极限参数。针对排种控制方法建立了数学模型,进行了大豆质量、车速、排种轴转速等影响因素之间的台架试验。对排种装置进行了电控设计,使得排种控制操作方便快捷。台架试验数据显示,漏播指数基本保持在 0.08%~0.22%,重播指数基本保持在 0.78%~0.92%,株距变异系数基本保持在 0.16%~0.44%。所有指标均满足国家精密播种的要求且远低于标准值,工作性能良好。

(3)建立了负压清种方案,分析了大豆种子在清种气流下的受力情况,探讨了狭管效应理论,设计了有利于种子清理的清种口,解决了窝眼轮排种器难以清种的问题。开发了一种采用步进电机驱动、PLC 控制的自动清种系统,通过对大豆的物理性质、启动机制、沉降机制进行分析,对大豆进行相关形态受力分析,获得了大豆吸拾的相关参数:当清种装置的清种口截面风速大于 21.075 m/s 时,就可以将存种区的大豆吸起,并进入清种风道。当风道口处的负压绝对值大于 34.472 Pa 时,清种装置可以将存种区的大豆完全吸拾进收集箱内。设计了清种口,并对清种口进行了流场分析,结果显示,采用新设计的狭管式清种口,气流流速明显增强。对新设计的清种管清种内种子的运动状态进行了 EDEM 仿真分析,验证了清种管的清种效果。对清种装置进行了电控设计,使得清种过程简单可靠。对自动清种系统进行了台架试验,试验结果显示,该清种系统基本满足了理论设计的性能要求,能够实现自动清种,清种干净,提高了清种作业的效率。

(4)应用电推杆对开沟器的播深进行调节,对设计的开沟系统在作业过程中的动力学特性进行了分析,并进行了试验,获得了相关试验数据。进行了播深合格率试验,结果表明该开沟系统,播深调节方便,开沟效果良好,平均播深为 38.84 mm,平均播深合格率为 96.6%,达到了小区播种机作业标准要求。

(5)针对目前日益严峻的环境污染问题,国家对各种燃油动力设备的排放标准控制得越来越严格,农业机械装备的升级换代要求越来越高,低排放、少污染的设备能够有效地解决当前面临的环保问题。因此,设计一款零污染、零排放的纯电驱动、全电控制的小区播种机,既解决了环保要求问题,也提升了小区播种机的自动化程度。对整机的控制进行了电路设计、可视化操作设计,增加了操作的便利性。试验表明,设计的电驱动动力系统在不同负荷率下,最短连续作业时间均达到了额定作业时间 8 h 的预期的设计目标。

(6)通过对样机和整机控制系统进行田间工作验证试验,可知,该小区播种机 12 组种杯偏移合格率均值为 99.44%,种子无破碎合格率均值为 98.03%。各行播种的重播指数均值为 0.88%,漏播指数均值为 0.13%,株距变异系数为 0.891%,均符合小区播种机作业标准。3 个排种器内残留种子粒数少于 60 粒时,均能清种干净。整机控制系统工作性能可靠。

试验结果表明,本书设计的自动送种系统、自动排种系统、自动清种系统、整机控制系统及配套系统,结构合理。采用电驱动力系统,不仅有利于整机的电控设计,而且零排放、无污染,符合环保要求。整机工作性能稳定,播种质量满足小区播种机要求,操作方便,达到了预定的设计要求。

9.2　创新点

(1)引用了行星轮周转轮系的理论,应用到大豆小区播种机自动送种装置的方案设计上,采用了旋转种杯准确投种的方法,制订了转盘式大豆小区播种机自动送种装置的方案,解决现有小区播种机没有自动送种装置的难题。

(2)建立了负压清种的方案,找到了大豆最低启动速度和最小吸拾风速,应用了狭管效应理论,设计了狭管清种口,完成了大豆自动清种装置的设计,解决了机械式排种器残留大豆的清种问题。

(3)研制了纯电驱动、零污染、零排放的大豆小区播种机,整机全电控制,同时具有自动送种、自动排种和自动清种功能。

9.3　进一步研究的建议

本书针对大豆种子进行了电驱动小区播种机自动送种系统、自动排种系统、自动清种系统等的设计研究,侧重于电动、电控的设计与应用,追求单粒播种的作业质量。在后续

的研发工作中,仍需在以下几个方面进行深入研究:

（1）本书虽然采用了电控技术,提高了小区播种机的自动化程度,但是随着物联网技术、人工智能技术的普及应用,小区播种机的智能化操作将使小区播种机的作业效率和作业质量大幅度提高。

（2）本书只针对大豆等大粒径作物的种子,具有一定的局限性。后续研究需要针对不同作物种子,对窝眼轮式排种器进行优化设计,使窝眼轮式排种器具有更好的适用性,提高窝眼轮式排种器的播种合格率,提高该小区播种机的适用性。

（3）本书设计的自动送种系统和自动清种系统的田间试验是在整理较好的试验田内进行的,实际田间作业的环境可能会相对较差,系统作业质量会受到工作环境的影响,因此需要进一步对系统的结构进行优化,提高系统的作业质量。

参考文献

[1] 东北大豆产业发展能力和国际竞争力研究课题组.我国大豆产业发展战略研究[J].管理世界,2003 (3):96-106.

[2] 夏友富,汤艳丽,向清凯.把握合理规模——我国大豆进口与大豆产业发展研究[J].国际贸易,2003 (10):4-9.

[3] 周应恒,邹林刚.我国大豆产业发展战略的另一种选择——基于产品差别化的审视[J].农业经济问 题,2005(9):42-46.

[4] 余建斌,乔娟,乔颖丽.进口冲击下的中国大豆产业发展对策[J].农业现代化研究,2005,26(3): 213-216.

[5] 周新安,年海,杨文钰,等.南方间套作大豆生产发展的现状与对策(Ⅲ)[J].大豆科技,2010(5): 1-2.

[6] 钟金传,吴文良,夏友富.转基因大豆发展及中国大豆产业对策[J].中国农业大学学报,2005,10 (4):43-50.

[7] 杨军,刘斌,尚曼龙.中国大豆进口的预测与分析[J].系统工程理论与实践,2006,26(6):141-144.

[8] 高颖,田维明.中国大豆进口需求分析[J].中国农村经济,2007(5):33-40.

[9] 倪洪兴,王占禄,刘武兵.开放条件下我国大豆产业发展[J].农业经济问题,2012(8):7-12.

[10] 刘忠堂.关于中国大豆产业发展战略的思考[J].大豆科学,2013,32(3):283-285.

[11] 李孝忠,乔娟.中国大豆进出口与豆油、豆粕进出口关系及前景展望[J].农业展望,2007,3(12): 28-32.

[12] 余建斌,乔娟.国际垄断对中国大豆进口影响的实证分析[J].技术经济,2008,27(6):69-73.

[13] 徐雪高.大豆进口连创新高和我国的粮食安全[J].现代经济探讨,2013(10):58-62.

[14] 郭天宝,王云凤,郝庆升.中国大豆进口影响因素的实证分析[J].农业技术经济,2013(11):103- 111.

[15] 林学贵.大豆进口增长成因及对策[J].中国国情国力,2018,309(10):55-56.

[16] 杨文钰,雍太文,任万军,等.发展南方套作大豆的背景和对策[C]//中国作物学会栽培专业委员 会换届暨学术研讨会.泰安,2007.

[17] 司伟,张猛.2011年大豆产业发展回顾与展望[J].大豆科技,2011(6):43-50.

[18] 郑文钟,苗承舟,周利顺.农业机械化对浙江省农业生产贡献率的研究[J].现代农机,2012(4):10-12.

[19] 赵百通,张晓辉,孔庆勇,等.国内外精密播种机监控系统的现状和发展趋势[J].农业装备技术, 2003(4):11-13.

[20] 吴明亮,汤楚宙,李明,等.水稻精密播种机排种器研究的现状与对策[J].中国农机化学报,2003 (3):30-31.

[21] 娄秀华.精密播种机排种自动控制装置[J].中国农业大学学报,2004,9(2):15-17.

[22] 周建锋,李昱,卢博友.精密播种机监控系统综述[J].农机化研究,2006(6):37-39.

[23] 陈绍斌,吕新民,张丽君.精密播种机监测系统的研究与开发[J].农机化研究,2007(5):112-114.

[24] 许剑平,谢宇峰,陈宝昌.国外气力式精密播种机技术现状及发展趋势[J].农机化研究,2008 (12):203-206.

[25] 宋鹏,张俊伟,李伟,等.精密播种机工作性能实时监测系统[J].农业机械学报,2011,42(2):71-74.

[26] 项德响.大豆窄行密植平作高速气吸式精密播种机关键部件的研究[D].哈尔滨:东北农业大学, 2010.

[27] 余嘉,陈海涛,纪文义,等.小麦茬地免耕大豆精密播种机性能试验研究[J].大豆科技,2010(3): 31-33.

[28] 张晓刚,刘伟,余永昌.我国大豆精量播种机械发展现状及趋势[J].大豆科技,2012(5):39-42.

[29] 屈哲,余泳昌,李赫,等.2BJYM-4型玉米大豆套播精量播种机的研究[J].大豆科学,2014,33(1): 119-123.

[30] 李北新.大豆精密播种机电子监视仪设计探究[J].黑龙江科学信息,2014(18):245.

[31] 张维,王佳.气吹式大豆精量播种机的设计[J].中国农机化学报,2014,35(4):6-8.

[32] 程卫东,张国海,阮培英,等.国内玉米(大豆)精密播种机排种器电驱应用分析[J].中国农机化学 报,2017,38(8):13-16.

[33] 杨红帆,张伟,李玉清,等.2BD-4型多功能精密播种机播种系统的研制[J].黑龙江八一农垦大学 学报,2001,13(3):48-51.

[34] 李玉清,邱洪庆.2BDJ-10型"暗垄密"精密播种机的研制[J].农机化研究,2002(2):75-76.

[35] 孙松涛,史智兴,张晋国,等.玉米精播机圆管式气吸排种装置试验研究[J].农机化研究,2008 (11):146-148.

[36] 陈海涛,王业成.2BZXJ-1型小区大豆(玉米)育种精量播种机研发成功[J].大豆科技,2009(6): 15.

[37] 李杞超.2BPJ-12型大豆平作密植气吸式精密播种机设计与试验研究[D].哈尔滨:东北农业大 学,2013.

[38] 杨纪龙,陈海涛,候守印,等.2BMFJ-BL5型原茬地大豆免耕覆秸精量播种机性能试验研究[J].大 豆科学,2016,35(5):840-846.

[39] 赵文罡,李洪刚,赵新天,等.大豆变量施肥播种机设计与试验[J].吉林农业,2017(21):58-59.

[40] 潘晓峰.山东省农业机械化发展研究[D].泰安:山东农业大学,2017.

[41] 王丽艳,郭树国,邱立春.免耕技术及免耕播种机的发展[J].农机化研究,2006(2):34-36.

[42] 林德志,胡志超,于昭洋,等.免耕播种机秸秆处理装置研究现状与发展[J].江苏农业科学,2015, 43(11):13-16.

[43] 赵丽琴,郭玉明,张培增,等.小麦免耕播种机性能指标体系的建立与灰色评估[J].农业工程学报, 2009,25(5):89-93.

[44] 王建政.小麦免耕播种机通过性能分析[J].农业机械学报,2005,36(8).

[45] 李进鹏,杨自栋,崔成良,等.基于无线网络的精密播种机监测系统设计[J].农机化研究,2010,32 (10).

[46] 宋江腾.小区播种机结构设计和试验研究[D].北京:中国农业大学,2004.

[47] 秦乐涛.玉米精密播种机排种自动控制系统研究[D].北京:中国农业大学,2002.

[48] 冯晓静,杨欣,桑永英,等.玉米精密播种机械发展现状[J].江苏农业科学,2010(4):422-424.

［49］姜峰.机动式大豆育种精密播种机的研究［D］.哈尔滨:东北农业大学,2012.

［50］刘曙光,尚书旗,杨然兵,等.小区播种机的发展分析［J］.农机化研究,2011(3):237-241.

［51］宋江腾,奈淑敏.小区播种机的研究现状及发展方向［J］.农机化研究,2004(4):14-16.

［52］张翔,杨然兵,尚书旗.小区播种机械开沟装置研究现状与发展［J］.农业工程,2014(6):1-3.

［53］谷金龙.2BXJ-4型大豆小区育种精量播种机的研究［D］.哈尔滨:东北农业大学,2014.

［54］杨薇.小区育种机械发展现状及展望［J］.农业工程,2014,11(6):7-10.

［55］Yang S,Zhang S,Yi J,et al. Development and experiment of seed metering for grass plot seeder［J］. Transactions of the Chinese Society of Agricultural Engineering, 2012(28):72-77.

［56］郭佩玉,尚书旗,汪玉安.普及和提高田间育种机械化水平［J］.农业工程学报,2003,19(S1):53-55.

［57］朱明,陈海军,李永磊.中国种业机械化现状调研与发展分析［J］.农业工程学报,2015(14):1-7.

［58］Teng W,Han Y,Du Y,et al. QTL analyses of seed weight during the development of soybean (Glycine max L. Merr.)［J］. Heredity,2009,102(4):372.

［59］连政国,王建刚,杨兆慧,等.小区播种机械化在中国的发展(英文)［J］.农业工程学报,2012(S2):140-145.

［60］Engel R E,Fischer T,Miller J,et al. A SMALL-PLOT SEEDER AND FERTILIZER APPLICATOR［J］. Agronomy Journal,2003,95(5):1337-1341.

［61］Eaton R , Katupitiya J , Siew K W , et al. Autonomous farming: modelling and control of agricultural machinery in a unified framework［J］. International Journal of Intelligent Systems Technologies and Applications, 2010, 8(1/2/3/4):444.

［62］Liu G, Liao Q, Huang J, et al. The Design of Belt Type Precision Plot Seeder for Rape［J］. Agricultural Equipment & Technology, 2010.

［63］Gong L, Yuan Y, Shang S, et al. Design and experiment on electronic control system for plot seeder ［J］. Transactions of the Chinese Society of Agricultural Engineering,2011,27(5):122-126.

［64］Liu S G. Influences of Main Parameters on Performance of Seed-Filling Device in Plot Seeder［J］. Applied Mechanics & Materials,2013:268-270,1266-1269.

［65］Liu S G, Ma Y F. Development History, Status and Trends of Plot Seeder［J］. Applied Mechanics & Materials,2013:268-270,1966-1969.

［66］贾洪雷,陈玉龙,赵佳乐,等.气吸机械复合式大豆精密排种器设计与试验［J］.农业机械学报,2018,49(4):75-86.

［67］史嵩,张东兴,杨丽,等.气压组合孔式玉米精量排种器设计与试验研究［J］.农业工程学报,2014,30(5):10-18.

［68］杨薇,李建东,王飞,等.玉米小区育种精量排种器的试验研究与分析［J］.农机化研究,2016(1):163-171.

［69］Parish R L , Bracy R P . Recommendations for Effective Use of a Garden Seeder for Research Plots and Gardens［J］. Horttechnology, 2004,14(2):257-261.

［70］Wang J , Shang S. Development of plot precision planter based on seed tape planting method［J］. Transactions of the Chinese Society of Agricultural Engineering, 2012,28:65-71.

[71] Hoque M A, Wohab M A. Development and evaluation of a drum seeder for onion[J]. International Journal of Agricultural Research Innovation & Technology Ijarit, 2013, 3(1):26-28.

[72] Shang S, Yang R, Yin Y, et al. Current situation and development trend of mechanization of field experiments[J]. Transactions of the Chinese Society of Agricultural Engineering, 2010, 26:5-8.

[73] Derpsch R, Maciel P, Hall W, et al. Why do we need to standardize no-tillage research[J]. Soil & Tillage Research, 2014, 137(3):16-22.

[74] Brandsæter L O, Heggen H, Riley H, et al. Winter survival, biomass accumulation and N mineralization of winter annual and biennial legumes sown at various times of year in Northern Temperate Regions[J]. European Journal of Agronomy, 2008, 28(3):437-448.

[75] Paynter B H, Young K J. Grain and malting quality in two-row spring barley are influenced by grain filling moisture[J]. Australian Journal of Agricultural Research, 2004, 55(5):539-550.

[76] Gover A. Planting native species to control site reinfestation by Japanese knotweed (Fallopia japonica)[J]. Ecological Restoration, 2012, 30(3):192-199.

[77] Fielke J M. UniSA's Agricultural Machinery Research Design Centre—Collaborative University/Industry Research and Research Education in Agricultural Engineering[J]. International Journal of Engineering Education, 2007, 23(4):735-740.

[78] Blank S, Föhst T, Berns K. A biologically motivated approach towards modular and robust low-level sensor fusion for application in agricultural machinery design[J]. Computers & Electronics in Agriculture, 2012,89(89):10-17.

[79] Ju J, Lin Z, Wang J. Forecasting the Total Power of China's Agricultural Machinery Based on BP Neural Network Combined Forecast Method[C]//International Conference on Computer & Computing Technologies in Agriculture,2012.

[80] Ai H. Study on Prediction of the Total Power of Agricultural Machinery Based on Fuzzy BP Network[J]. Lecture Notes in Electrical Engineering,2015,336:551-558.

[81] Sun Y W, Shen M X, Zhang X F, et al. Design of embedded agricultural intelligence services system based on ZigBee technology[J]. Transactions of the Chinese Society for Agricultural Machinery, 2010, 41(5):148-151.

[82] Zineldin M. Co-opetition: the organisation of the future[J]. Transactions of the Chinese Society for Agricultural Machinery, 2010,22(7):780-790.

[83] 刘曙光,尚书旗,杨然兵,等.小区播种机存种装置参数试验及优化[J].农业工程学报,2010(9):101-108.

[84] 刘曙光,尚书旗,杨然兵,等.油菜育种播种机自动供种系统设计[J].农业机械学报,2011(7):91-95.

[85] 何仲凯,龚丽农,崔海鸣,等.小区精密播种机自动上种机的设计[J].农机化研究,2015(1):156-159.

[86] 杨薇,李建东,张翔,等.小区株行条播机弹匣式上种装置的设计与试验[J].农机化研究,2016(2):72-76.

[87] 张俊亮,杜瑞成,杨善东,等.窝眼式排种器自动控制与播量数显系统的设计[J].山东理工大学学

报(自然科学版),2004(1):50-53.

[88] 李剑锋.播种机排种自动控制系统的研究[D].兰州:甘肃农业大学,2006.

[89] 赵丽清.精准播种自动控制系统的设计[J].农机化研究,2009(9):114-116.

[90] 张力友.基于PLC控制的小麦小区试验点播机的设计[D].泰安:山东农业大学,2012.

[91] 刘水利,李瑛.小区微型精密播种机的研究[J].农机化研究,2013(4):81-84.

[92] 宋井玲,杨自栋,杨善东,等.一种新型内充种式精密排种器[J].农机化研究,2013(6):90-93.

[93] 巩丙才,杜瑞成,马明建,等.播种机电控株距无级调节器调节性能分析与试验[J].农机化研究,2014(12):192-195.

[94] Du Ruicheng, Gong Bingcai, Liu Ningning, et al. A Design and experiment on intelligent fuzzy monitoring system for corn planters[J]. International Journal of Agricultural and Biological Engineering, 2013,6(3):11-18.

[95] 谷金龙,陈海涛,顿国强.2BXJ-4(A)型大豆小区育种精量播种机的设计与试验研究[J].大豆科学,2014(5):742-747.

[96] 蒋春燕,耿端阳,孟鹏祥,等.基于电机驱动的玉米精量播种机智能化株距控制系统设计[J].农机化研究,2015(9):100-104.

[97] 贾洪雷,赵佳乐,郭明卓,等.双凹面摇杆式排种器设计与性能试验[J].农业机械学报,2015(1):60-65.

[98] Qi Jiang tao, Jia Hong lei, Li Yang, et al. Design and test of fault monitoring system for corn precision planter[J]. International Journal of Agricultural and Biological Engineering,2015,8(6):13-19.

[99] 陈玉龙,贾洪雷,王佳旭,等.大豆高速精密播种机凸勺排种器设计与试验[J].农业机械学报,2017(8):95-104.

[100] 于建群,申燕芳,牛序堂,等.组合内窝孔精密排种器清种过程的离散元法仿真分析[J].农业工程学报,2008(5):105-109.

[101] 祁兵,张东兴,刘全威,等.集排式精量排种器清种装置设计与性能试验[J].农业工程学报,2015(1):20-27.

[102] 黄珊珊,陈海涛,王业成.插装式大豆小区播种机排种系统预充种清种机构的设计[J].大豆科学,2017(4):626-631.

[103] 王亮,尚书旗.智能化小区播种机电源系统设计[J].机电产品开发与创新,2010,9(5):44-46.

[104] 于国明,胡军.精密电动播种机设计及试验研究[J].农业机械,2014(11):127-133.

[105] 李建东,杨薇,等.全自动化的小区精量播种机的研制[J].农机化研究,2014(4):60-64.

[106] 杨敏丽.新常态下中国农业机械化发展问题探讨[J].南方农机,2015(1):7-11.

[107] 罗锡文,张智刚,赵祚喜,等.东方红X-804拖拉机的DGPS自动导航控制系统[J].农业工程学报,2009,25(11):139-145.

[108] 魏少东.基于GPS和惯性导航的果园机械导航系统研究[D].杨凌:西北农林科技大学,2013.

[109] Akira Mizushima, Noboru Noguchi Development of navigation sensor unit for the agricultural vehicle[J]. BEEE/ASME International Conference on Advanced Intelligent,2003,34(2):1067-1072.

[110] 徐建,杨福增,等.玉米智能收获机器人的路径识别方法[J].农机化研究,2010, 32(2):9-12.

[111] 陈艳,张漫,马文强,等.基于GPS和机器视觉的组合导航定位方法[J].农业工程学报,2011,27

(3):126-130.

[112] 瘳茜.基于激光测距和单目视觉的拖拉机导航系统关键技术研究[D].镇江:江苏大学,2012.

[113] 段建民,郑凯华,等.多层激光雷达在无人驾驶车中的环境感知[J].北京工业大学学报,2014 (12):1891-1898.

[114] 杨盛琴.不同国家精准农业的发展模式分析[J].世界农业,2014(11):43-46.

[115] 赵春江,薛绪掌,等.精准农业技术体系的研究进展与展望[J].农业工程学报,2003(4):7-12.

[116] 张春岭,吴荣,陈黎卿,等.电控玉米排种系统设计与试验[J].农业机械学报,2017,48(2):51-59.

[117] 刘成颖,刘龙飞,孟凡伟,等.基于遗传算法的永磁直线同步电动机伺服系统参数设计[J].清华大学学报(自然科学版),2012,52(12):1751-1757.

[118] Sahoo P K, Srivastava A P. Development of performance evaluation of okra planter[J]. Agric. Eng, 2000(14):15-25.

[119] Mayande V M. Srinivas I, Adake R V,et al. Investigations on groundnut planting accuracy and seed size using inclined plate planter. Indian[J]. Dryland Agric. Res. Dev. 2002,17 (2):158-163.

[120] Shrivastava A K, Jain S K, Dubey A K,et al. Performance evaluationoftractor drawn six row inclined plate planter for oilseed and pulses[J]. JNKVV Res,2003(37):72-75.

[121] 傅晓云,方旭,杨钢,等.基于遗传算法的 PID 控制器设计与仿真[J].华中科技大学学报(自然科学版),2012,40(5):1-5.

[122] Zhao C J. Progress of agricultural information technology[M]. International Academic Publishers, 2000.

[123] Barut Z B,Ozmerzi A. Effect of different operating parameters on seed holding in the single seed metering unit of a pneumatic planter[J]. Turkish Journal of Agriculture Forestry,2004,28(6):435-441.

[124] Barut, Zeliha Bereket, Ozmerzi, et al. Effect of different operating parameters on seed holding in the single seed metering unit of a pneumatic planter[J]. Turkish Journal of Agriculture Forestry,2004,28 (6):435-441.

[125] Yenesew Mengiste Yihun,Abraham Mehari Haile,Bart Schultz,et al. Crop Water Productivity of irrigated Teff in a Water Stressed Region[J]. Water Resources Management,2013,27(8).

[126] J W Panning, M F Kocher, J A Smith,et al. Laboratory and Field Testing of Seed Spacing Uniformity for Sugarbeet Planters[J]. Applied Engineering in Agriculture,2000,16(1):7-13.

[127] 张辉,李树君,张小超,等.变量施肥电液比例控制系统的设计与实现[J].农业工程学报,2010,26 (增刊2):218-222.

[128] 梁春英,衣淑娟,王熙.变量施肥控制系统 PID 控制策略[J].农业机械学报,2010,41(7):157-162.

[129] 陈满,鲁伟,汪小品,等.基于模糊 PID 的冬小麦变量追肥优化控制系统设计与试验[J].农业机械学报,2016,47(2):71-76.

[130] 解士翔.真空吸尘车吸尘系统的流场分析及结构改进[D].秦皇岛:燕山大学,2016.

[131] 朱伏龙.基于吸尘性能的吸尘口结构研究与流场分析[D].上海:上海交通大学,2008.

[132] Marlowe Edgar Cortes Burce,Takashi Kataoka,Hiroshi Okamoto,et al. Seeding Depth Regulation Controlled by Independent Furrow Openers for Zero Tillage Systems:Part2:Control System of Independent

Furrow Openers[J]. Engineering in Agriculture, Environment and Food,2013,6(1):13 19.

[133] Kim Y J,Kim H J,Ryu K H,et al. Fertiliser application performance of a variable-rate pneumatic granular applicator for rice production[J]. Biosystems Engineering,2008,100(4):498-510.

[134] Hu Jianping,Li Xuanqiu. Magnetic field characteristic analysis for the magnetic seed-metering space of the precision seeder[J]. Transactions of CSAE, 2005, 21(12): 39-42.

[135] 陈书法,张石平,李耀明.压电型振动气吸式穴盘育苗精量播种机设计与试验[J].农业工程学报,2012,28(增刊1):15-20.

[136] 刘宏新,王福林.新型立式复合圆盘大豆精密排种器研究[J].农业工程学报,2007,23(10):112-116.

[137] 祁兵.中央集排气送式精量排种器设计与试验研究[D].北京:中国农业大学,2014.

[138] 何培祥,杨明金,陈忠慧.光电控制穴盘精密播种装置的研究[J].农业机械学报,2003(1):47-49.

[139] 高晓燕.油菜变量播种系统试验研究[D].长沙:湖南农业大学,2011.

[140] 朱瑞祥,葛世强,翟长远,等.大籽粒作物漏播自动补种装置设计与试验[J].农业工程学报,2014,30(21):1-8.

[141] 尚春雨,赵金城.用FLUENT分析刚性容器内液面晃动问题[J].上海交通大学学报, 2008, 42(6):953-956.

[142] 刘保余,綦耀光,晏海武,等.基于Fluent分析的环空油管颗粒沉降规律研究[J].石油机械,2010, 38(5):32-35.

[143] 江山,张京伟,吴崇健,等.基于FLUENT的90°圆形弯管内部流场分析[J].中国舰船研究,2008, 3(1):37-41.

[144] 谢俊,郭洪铳,陈炜,等.基于ANSYS和Fluent软件的导流管流场分析[J].机械设计与制造,2008(9):70-72.

[145] Yue C, Guo S, Li M. ANSYS FLUENT-based modeling and hydrodynamic analysis for a spherical underwater robot[C]. IEEE International Conference on Mechatronics & Automation,2013.

[146] Liu Dingding, Feng Zhihua, Tan Baohui, et al. Numerical Simulation and Analysis for the Flow Field of the Main Nozzle in an Air-Jet Loom Based on FLUENT[J]. Applied Mechanics & Materials, 2012, 105-107:172-175.

[147] Hou X, Xue J, Liu Z, et al. Flow Field Analysis and Improvement of Automobile Water Pump Based on FLUENT[C]. International Conference on Computational Intelligence & Software Engineering,2009.

[148] Chen J Y, Fan X Q, Liu Z. Fluent Based Numerical Analysis of Eliminating Ultra-Limit Gas in Upper Corner by Using Rotary Jet Fan[J]. Advanced Materials Research, 2011, 201-203:2212-2215.

[149] 王庆杰,李洪文,何进,等.凹形圆盘式玉米垄作免耕播种机的设计与试验[J].农业工程学报,2011,27(7):117-122.

[150] 杨丽,史嵩,崔涛,等.气吸与机械辅助附种结合式玉米精量排种器[J].农业机械学报,2012,43(增刊):48-53.

[151] 耿端阳,李玉环,孟鹏祥,等.玉米伸缩指夹式排种器设计与试验[J].农业机械学报,2016,47(5):38-45.

[152] 刘佳,崔涛,张东兴,等.机械气力组合式玉米精密排种器[J].农业机械学报,2012,43(2):43-47.

[153] 史嵩,张东兴,杨丽,等.气压组合孔式玉米精量排种器设计与试验[J].农业工程学报,2014,30(5):10-18.

[154] 周志立,夏先文,徐立友.电动拖拉机驱动系统设计[J].河南科技大学学报(自然科学版),2015(5):78-81.

[155] 吴红雷,袁永伟,崔保健,等.电动准直蔬菜播种机结构设计与关键技术研究[J].农机化研究,2016(8):105-108.

[156] 沈孝函.外槽轮电动排种器设计与试验研究[D].扬州:扬州大学,2016.

[157] 杜荣华,朱昭,舒雄,等.无刷直流电动机自适应模糊PID控制及仿真[J].长沙理工大学学报,2014,11(2):60-66.

[158] 郭海针,马俊龙,徐海刚.基于机器视觉的农业机械无人驾驶系统[J].农机化研究,2009,31(6):189-191.

[159] 叶建美.基于PLC的瓦楞原纸模糊PID温度控制系统的设计与应用[D].杭州:浙江工业大学,2009.

[160] 梁春英,衣淑娟,王熙.变量施肥控制系统PID控制策略[J].农业机械学报,2010,41(7):157-162.

[161] 陈满,鲁伟,汪小品,等.基于模糊PID的冬小麦变量追肥优化控制系统设计与试验[J].农业机械学报,2016,47(2):71-76.

[162] Yang J, Honavar V. Feature subset selection using a genetic algorithm[J]. IEEE Intelligent Systems & Their Applications, 2002, 13(2):44-49.

[163] Juang C F. A hybrid of genetic algorithm and particle swarm optimization for recurrent network design[J]. IEEE Transactions on Systems Man & Cybernetics Part B Cybernetics A Publication of the IEEE Systems Man & Cybernetics Society, 2004, 34(2):997-1006.

[164] Zwickl D J. Genetic algorithm approaches for the phylogenetic analysis of large biological sequence data-sets under the maximum likelihood criterion[J]. Dissertations & Theses-Gradworks, 2008, 3(5):257-260.

[165] Morris G M, Goodsell D S, Halliday R S, et al. Automated docking using a Lamarckian genetic algorithm and an empirical binding free energy function[J]. Journal of Computational Chemistry, 2015, 19(14):1639-1662.

[166] 王振.轮轨接触系统动力学特性及车轮阻尼减振技术研究[D].哈尔滨:哈尔滨工业大学,2011.

[167] 陈岩,陈开胜.皮带传动系统动态特性研究[J].机械传动,2014(7):46-50.

[168] 北京农业工程大学.农业机械学:上册[M].北京:中国农业出版社,1999.

[169] 夏俊芳,徐昌玉,周勇.基于ADAMS的精密播种机补种机构虚拟设计与分析[J].华中农业大学学报,2007,26(3):419-422.

[170] 白晓虎,张祖立.基于ADAMS的播种机仿形机构运动仿真[J].农机化研究,2009,31(3):40-42.

[171] 胡运富,朱延河,吴晓光,等.被动无边轮辐运动特性的Adams仿真分析[J].哈尔滨工业大学学报,2010,42(7):1076-1079.

[172] 胡军,马旭.基于ADAMS的精密播种机的运动仿真研究[J].中国农机化学报,2012(3):81-84.

[173] 黄明,张建,肖沽. 基丁 ADAMS 油菜播种机排种器型孔形状对破碎率的影响[J]. 中国农机化学报,2014,35(4):9-11.

[174] Blobel C P. ADAMs: key components in EGFR signalling and development[J]. Nature Reviews Molecular Cell Biology, 2005, 6(1):32-43.

[175] Owolabi K M, Atangana A. Analysis and application of new fractional Adams-Bashforth scheme with Caputo-Fabrizio derivative[J]. Chaos Solitons & Fractals, 2017, 105:111-119.

[176] Cayuela M L, Aguilera E, Sanzcobena A, et al. Direct nitrous oxide emissions in Mediterranean climate cropping systems: Emission factors based on a meta-analysis of available measurement data[J]. Agriculture Ecosystems & Environment, 2017, 238:25-35.

[177] 孟杰,孟文俊. 影响 EDEM 仿真结果的因素分析[J]. 机械工程与自动化,2014(6):49-51.

[178] 刘涛,何瑞银,陆静,等. 基于 EDEM 的窝眼轮式油菜排种器排种性能仿真与试验[J]. 华南农业大学学报,2016,37(3).

[179] 高国华,谢海峰,王天宝. 设施蔬菜收获机拉拔力学性能 EDEM 仿真与试验[J]. 农业工程学报,2017,33(23):24-31.

[180] 沈丹. 柔索的微颗粒阻尼实验研究及微颗粒阻尼参数分析[D]. 扬州:扬州大学,2012.

[181] 刘波,刘邱祖,陆洋. 圆盘旋转冲击粉碎机转子参数优化 EDEM 仿真[J]. 机械设计与制造,2018(4):119-121.

[182] Olivari S, Galli C, Alanen H, et al. A Novel Stress-induced EDEM Variant Regulating Endoplasmic Reticulum-associated Glycoprotein Degradation[J]. Journal of Biological Chemistry, 2005, 280(4):2424-2428.

[183] Oda Y, Hosokawa N, Wada I, et al. EDEM as an acceptor of terminally misfolded glycoproteins released from calnexin[J]. Science, 2003, 299:1394-1397.

[184] Sheffer A, Horn P, Pullman W. Subcutaneous Ecallantide for the Treatment of Acute Attacks of Hereditary Angioedema: The Integrated Analysis of EDEMA3-DB and EDEMA4[J]. Clinical Immunology, 2010,135(1).

[185] 李欢,袁权,张霞,等. 窝眼轮式三七排种器精密排种力学模型研究[J]. 农机化研究,2015(9):22-26.

[186] 陈启新. 风速的"狭管效应"增速初探[J]. 山西水利科技,2002(2):62-64.

[187] 宋林森,皋维. 基于狭管效应的聚风装置结构设计及流体分析[J]. 机械工程师,2018(12):35-38.

[188] 陈剑桥. 2008 年冬季台湾海峡及其邻近海域 Quik SCAT 卫星遥感风场的检验及应用分析[J]. 应用海洋学学报,2011,30(2):158-164.